工学结合·基于工作过程导向的项目化创新系列教材
国家示范性高等职业教育机电类"十三五"规划教材

电工与电子技术实验指导

Diangong yu Dianzi
Jishu Shiyan Zhidao

郑火胜 ◎ 编　著
吴水萍 ◎ 主　审

U0236059

华中科技大学出版社
http://www.hustp.com
中国·武汉

图书在版编目(CIP)数据

电工与电子技术实验指导/郑火胜编著. —武汉:华中科技大学出版社,2019.1

ISBN 978-7-5680-3224-7

Ⅰ.①电… Ⅱ.①郑… Ⅲ.①电工技术-高等学校-教学参考资料 ②电子技术-高等学校-教学参考资料
Ⅳ.①TM ②TN

中国版本图书馆 CIP 数据核字(2017)第 181619 号

电工与电子技术实验指导

郑火胜　编著

Diangong yu Dianzi Jishu Shiyan Zhidao

策划编辑:张　毅

责任编辑:刘　静

封面设计:孢　子

责任监印:朱　玢

出版发行:华中科技大学出版社(中国·武汉)　　　电话:(027)81321913

　　　　　武汉市东湖新技术开发区华工科技园　　　邮编:430223

录　　排:武汉正风天下文化发展有限公司

印　　刷:武汉华工鑫宏印务有限公司

开　　本:787mm×1092mm　1/16

印　　张:10

字　　数:245 千字

版　　次:2019 年 1 月第 1 版第 1 次印刷

定　　价:30.00 元

本书是根据高等职业院校"电工与电子技术实验"课程教学大纲基本要求,并结合实践教学要求编写而成的。编者充分认识到,实践教学是高等职业院校培养应用型人才的重要环节,在对学生能力的培养方面具有其他教学环节不可代替的重要作用。为此,本书在满足课程教学基本要求的前提下,尽可能地从加强实验基础知识和实用性实验内容两方面努力,力图较好地达到提高学生实践能力的目的。

本书所编入的实验项目覆盖了教学基本要求所规定的实验内容,并有所扩展。全书包括电工技术实验 17 个、模拟电子技术实验 13 个、数字电子技术实验 11 个。

在"电工与电子技术"课程教学基本要求的总说明中对于实践教学环节做以下的说明。

实验的教学课时不得低于总学时的 25%。其中实验教学环节不只是验证理论,更重要的是培养动手能力。为增加学生实际动手的机会,实验时每组不宜超过 2 人,并应有严格的考核制度。

本书由武汉城市职业学院郑火胜老师编著,由武汉城市职业学院机电学院吴水萍教授主审。吴水萍教授在审稿中提出了许多宝贵的意见和建议,在此谨致衷心的感谢。由于编者水平有限,书中难免有错误和不妥之处,敬请读者批评指正。

编者
2019 年 1 月

目录 MULU

第0部分 实验须知

（1）实验前每位同学要做好预习，阅读实验教材，熟悉实验线路及内容，了解仪器设备的使用，拟出实验所需的数据记录。

（2）进实验室后，检查所用仪器设备是否齐全、能否满足实验要求。

（3）检查实验板或实验装置，查看有没有断线及脱焊等情况；同时要熟悉元器件的连接位置，便于实验时能够迅速准确地找到测量点。

（4）实验过程中，发生有异常声音、火花、异常气味、超量程等不正常现象时，应立即切断电源。待找出原因并排除故障后，经指导老师同意后方可继续进行实验。

（5）操作时手要干净、干燥，注意不要划伤工作台面。

（6）电动机工作时，严禁用手碰轴端或端盖风叶，电动机过载实验或缺相实验均不要超过1分钟。

（7）测量数据和调整仪器要认真仔细，注意人身及设备的安全。对200 V以上的电压要特别小心，严禁带电接、拆线路，人体严禁接触线路中带电的金属部分，以免发生人身触电事故。

（8）实验内容完成后，实验结果须经指导老师认可，在指导老师同意后才能拆线。拆线前必须先切断电源，最后应将全部仪器设备及器材复位，清理好导线、工具、元器件等，方可离开实验室。

（9）凡是违章操作损坏设备者，要写出事故原因，并按实验室有关条例处理。

第 1 部分

电工技术实验

◀ 实验 1.1　电路元器件伏安特性的测绘 ▶

一、实验目的

(1) 认识常用的电路元器件。

(2) 掌握线性电阻元件、非线性电阻元件伏安特性的逐点测试法。

(3) 掌握实验装置上直流电工仪器和装置的使用方法。

二、实验原理

任何一个二端元件的特性可用该元件上的电压 U 与通过该元件的电流 I 之间的函数关系 $I=f(U)$ 来表示,即用 I-U 平面上的一条曲线来表征,这条曲线称为该元件的伏安特性曲线,如图 1.1.1 所示。

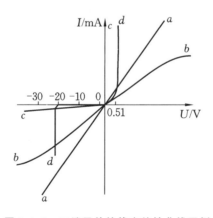

图 1.1.1　二端元件的伏安特性曲线示例

(1) 线性电阻器的伏安特性曲线是一条通过坐标原点的直线,如图 1.1.1 中 a 曲线所示,该直线的斜率等于该电阻器的电阻值的倒数。

(2) 一般白炽灯的灯丝电阻随着温度的升高而增大,通过白炽灯的电流越大,其温度越高,阻值越大,一般白炽灯的"冷电阻"与"热电阻"的阻值可相差几倍至十几倍,所以它的伏安特性如图 1.1.1 中 b 曲线所示。

(3) 一般的半导体二极管是一个非线性电阻元件,其特性如图 1.1.1 中 c 曲线所示。半导体二极管正向压降很小(一般硅管为 $0.6\sim0.8$ V),正向电流随正向压降的升高而急骤上升,而反向电压从零一直增加到十几甚至几十伏时,其反向电流增加很小,可粗略地视为零。可见,半导体二极管具有单向导电性,但反向电压加得过高,超过管子的极限值,则会导致管子被击穿而损坏。

(4)稳压二极管是一种特殊的半导体二极管,其正向特性与普通的二极管类似,但其反向特性较特别,如图 1.1.1 中 d 曲线所示。在反向电压开始增加时,其反向电流几乎为零,但当反向电压增加到某一数值(称为管子的稳压值,有各种不同稳压值的稳压管)时,电流将突然增加,以后它的端电压将维持恒定,不再随外加的反向电压的升高而增大。

三、实验设备与器件

本实验所需设备与器件如表 1.1.1 所示。

表 1.1.1　实验 1.1 所需设备与器件

序　号	名　称	型号与规格	数　量
1	可调直流稳压电源	0~30 V	1 个
2	直流毫伏表	/	1 个
3	直流毫安表	/	1 个
4	半导体二极管	2CP15	1 个
5	稳压二极管	2CW51	1 个
6	非线性白炽灯	12 V/0.1 A	1 只
7	线性电阻器	200 Ω,1 kΩ	1 个
8	专用测试导线		若干

四、实验内容

1. 测定线性电阻器的伏安特性

按图 1.1.2 接线,调节可调直流稳压电源的输出电压 U,使其从零开始缓慢地增加,一直到 10 V,将 U_{R_L} 按表 1.1.2 变化时相应的直流电流表的读数 I 记入表 1.1.2 中。

表 1.1.2　测定线性电阻器的伏安特性实验数据记录表

U_{R_L}/V	0	2	4	6	8	10
I/mA						

2. 测定非线性白炽灯的伏安特性

将图 1.1.2 中的 R_L 换成一只非线性白炽灯,重复实验内容 1 的步骤,将 $U_灯$ 按表 1.1.3 变化时相应的直流电流表的读数记入表 1.1.3 中。

表 1.1.3　测定非线性白炽灯的伏安特性实验数据记录表

$U_灯/V$	0	2	4	6	8	10
I/mA						

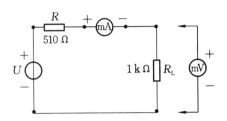

图 1.1.2 线性电阻器的伏安特性测定电路

3. 测定半导体二极管的伏安特性

按图 1.1.3 接线,R 为限流电阻,测半导体二极管 D 的正向伏安特性时,其正向电流不得超过 25 mA,正向压降可在 0.5～0.75 V 范围内取值。特别是在 0.5～0.75 V 范围内更应多取几个测试点。做反向特性实验时,只需将图中的半导体二极管 D 反接,且其反向电压可加到 30 V 左右。

将半导体二极管正向伏安特性实验数据记入表 1.1.4 中。

表 1.1.4 测定半导体二极管的正向伏安特性实验数据记录表

U_D/V	0	0.2	0.4	0.5	0.55	0.6	0.65	0.70	0.75
I/mA									

将半导体二极管反向伏安特性实验数据记入表 1.1.5 中。

表 1.1.5 测定半导体二极管的反向伏安特性实验数据记录表

U_D/V	0	-5	-10	-15	-20	-25	-30
I/mA							

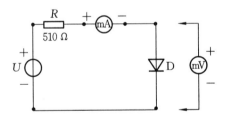

图 1.1.3 半导体二极管的伏安特性测定电路

4. 测定稳压二极管的伏安特性

将图 1.1.3 中的半导体二极管换成稳压二极管,重复实验内容 3 的测量。

将稳压二极管正向伏安特性实验数据记入表 1.1.6 中。

表 1.1.6 测定稳压二极管的正向伏安特性实验数据记录表

$U_稳$/V	0	0.2	0.4	0.5	0.55	0.6	0.65	0.70	0.75
I/mA									

将稳压二极管反向伏安特性实验数据记入表 1.1.7 中。

表 1.1.7　测定稳压二极管的反向伏安特性实验数据记录表

$U_\text{稳}/V$	0	−5	−10	−15	−20	−25	−30
I/mA							

五、实验注意事项

（1）测二极管正向特性时,可调直流稳压电源的输出应由小至大逐渐增加,并注意直流电流表的读数不得超过 25 mA,可调直流稳压电源输出端勿碰线短路。

（2）进行不同的实验时,应先估算电压和电流值,合理选择仪器的量程,勿使仪器超量程,仪器的极性亦不可接错。

六、实验报告

（1）根据各实验数据,分别在方格纸上绘制出光滑的伏安特性曲线(其中半导体二极管和稳压二极管的正、反向伏安特性曲线均要求画在同一张图中,正、反向电压取为不同的比例尺)。

（2）根据实验结果,总结、归纳各被测元件的伏安特性。

（3）做必要的误差分析。

（4）心得体会及其他。

◀ 实验 1.2 基尔霍夫定律的验证 ▶

一、实验目的

(1) 验证基尔霍夫定律的正确性,加深对基尔霍夫定律的理解。

(2) 学会用电流表测量支路电流、用毫伏表测量电路元件的端电压。

二、实验原理

基尔霍夫定律是电路的基本定律。某电路中任意节点上各支路电流和任意闭合回路中各元件的端电压,应能分别满足基尔霍夫电流定律(KCL)和基尔霍夫电压定律(KVL),即对于电路中的任一个节点,流入(或流出)该节点的各支路电流的代数和为零,即 $\Sigma I=0$;对于任何一个闭合回路,沿该闭合回路绕行一周,各元件端电压的代数和为零,$\Sigma U=0$。

运用上述定律时必须规定电流和电压的正方向,此方向可预先任意设定。

三、实验设备与器件

本实验所需设备与器件如表 1.2.1 所示。

表 1.2.1 实验 1.2 所需设备与器件

序　号	名　　称	型号与规格	数　　量
1	直流稳压电源	+6 V,+12 V	1个
2	可调直流稳压电源	0~30 V	1个
3	直流毫伏表	/	1个
4	直流毫安表	/	1个
5	基尔霍夫定律的验证实验电路板	/	1块
6	测试导线	/	若干

四、实验内容

实验线路如图 1.2.1 所示。

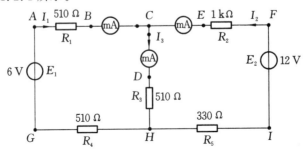

图 1.2.1 基尔霍夫定律的验证实验线路

（1）实验前先任意设定三条支路的电流参考方向，如图 1.2.1 中的 I_1、I_2、I_3 所示。

（2）分别将两路直流稳压电源接入电路，令 $E_1 = 6$ V、$E_2 = 12$ V。

（3）熟悉直流电流表和直流毫伏表，注意测量时直流电流表和直流毫伏表的极性及量限。

（4）将电流表分别接入三条支路中，记录电流值。

（5）用直流毫伏表分别测量两路电源及电阻元件上的电压值，并将数据记入表 1.2.2 中。

表 1.2.2　基尔霍夫定律的验证实验数据记录表

被测值	I_1/mA	I_2/mA	I_3/mA	E_1/V	E_2/V	U_{AC}/V	U_{CF}/V	U_{IH}/V	U_{HG}/V	U_{CH}/V
测量值										

五、实验注意事项

（1）所有需要测量的电压值，均以用直流毫伏表测量的读数为准，不以电源表盘指示值为准。

（2）防止电源两端碰线短路。

（3）用直流仪表测量时，应注意仪表的极性和数据表格中"＋""－"号的记录。

六、实验报告

（1）根据实验数据，选定实验电路中的任一个节点，验证基尔霍夫电流定律的正确性。

（2）根据实验数据，选定实验电路中的任一个闭合回路，验证基尔霍夫电压定律的正确性。

（3）分析误差原因。

（4）心得体会及其他。

实验 1.3 电压源与电流源的等效变换

一、实验目的

（1）学会电源外特性的测试方法。

（2）验证电压源与电流源等效变换的条件。

二、实验原理

（1）一个直流稳压电源在一定的电流范围内，具有很小的内阻，故在实用中，常将它视为一个内阻为零的理想电压源，即其输出电压不随负载电流的变化而变化，其外特性，即其伏安特性 $U=f(I)$ 是一条平行线于 I 轴的直线。一个恒流源在一定的电压范围内，具有很大的内阻，故在实用中，常将它视为一个内阻为无穷大的理想电流源，即其输出电流不随负载电压的变化而变化。

图 1.3.1 所示为理想电压源、理想电流源电路图。

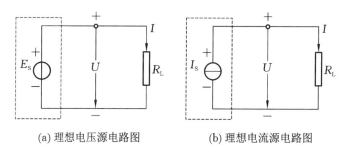

(a) 理想电压源电路图　　　　　(b) 理想电流源电路图

图 1.3.1　理想电压源、理想电流源电路图

（2）一个实际的电压源（或电流源），其端电压（或输出电流）不可能不随负载的变化而变化，因为它具有一定的内阻。因此在实验中，用一个小（或大）阻值的电阻与理想电压源（或理想电流源）相串联（或并联）来模拟一个电压源（或电流源）的情况。

（3）一个实际的电源，就其外部特性而言，既可以看成是一个电压源，又可以看成是一个电流源。若视为电压源，则可用一个理想电压源 E_S 与一电阻 R_0 相串联的组合来表示；若视为电流源，则可用一个理想电流源 I_S 与一个电阻 R_0 相并联的组合表示。若它们向同一个负载提供同样大小的电流和端电压，则称这两个电源是等效的，即具有相同的外特性。

一个电压源与一个电流源等效变换的条件为

$$I_S = \frac{E_S}{R_0}$$

或
$$E_S = R_0 I_S$$

电压源与电流源等效变换电路如图 1.3.2 所示。

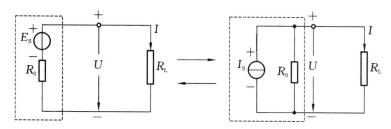

图 1.3.2 电压源与电流源等效变换电路

三、实验设备与器件

本实验所需设备与器件如表 1.3.1 所示。

表 1.3.1 实验 1.3 所需设备与器件

序　号	名　　称	型号与规格	数　量
1	直流稳压电源	+6 V，+12 V	1 个
2	可调直流恒流源	0～200 mA	1 个
3	直流毫伏表	/	1 个
4	直流毫安表	/	1 个
5	电阻器	/	1 个
6	可调电阻	/	1 个
7	测试导线	/	若干

四、实验内容

1. 测定电压源的外特性

（1）按图 1.3.3(a)接线，$E_s = +6$ V 为直流稳压电源，视为理想电压源；R_L 为可调电阻。调节 R_L 阻值，将直流毫伏表和直流毫安表的读数记入表 1.3.2 中。

表 1.3.2 测定直流稳压电源的外特性实验数据记录表

R_L/Ω	∞	2 000	1 500	1 000	800	500	300	200
U/V								
I/mA								

（2）按图 1.3.3(b)接线，虚线框为一个实际的电压源，$E_s = +6$ V，$R_0 = 51$ Ω，调节 R_L 阻值，将直流毫伏表和直流毫安表的读数记入表 1.3.3 中。

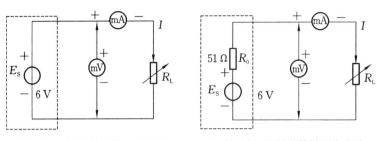

(a)直流稳压电源的外特性测定电路　　　(b)实际电压源的外特性测定电路

图 1.3.3　直流稳压电源与实际电压源的外特性测定电路

表 1.3.3　测定实际电压源的外特性实验数据记录表

R_L/Ω	∞	2 000	1 500	1 000	800	500	300	200
U/V								
I/mA								

2. 测定电流源的外特性

按图 1.3.4 接线，I_S 为直流恒流源，视为理想电流源，调节其输出使其为 5 mA，令 R_0 分别为 1 kΩ 和∞，调节 R_L 阻值，分别将这两种情况下的直流毫伏表和直流毫安表的读数记入表 1.3.4 和表 1.3.5 中。

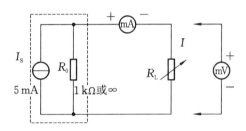

图 1.3.4　电流源的外特性测定电路

表 1.3.4　$R_0 = 1$ kΩ 时，测定电流源的外特性实验数据记录表

R_L/Ω	0	200	400	600	800	1 000	2 000	5 000
U/V								
I/mA								

表 1.3.5　$R_0 = \infty$ 时，测定电流源的外特性实验数据记录表

R_L/Ω	0	200	400	600	800	1 000	2 000	5 000
U/V								
I/mA								

3. 测定电源等效变换的条件

按图 1.3.5(a)接线，取 $E_S = +6$ V，$R_0 = 51$ Ω，$R_L = 200$ Ω，读取电路中两表的读数，并

记入表 1.3.6 中；然后按图 1.3.5(b) 接线，取 $I_S=E_S/R_0$，$R_0=51\ \Omega$，$R_L=200\ \Omega$，读取电路中两表的读数，并记入表 1.3.6 中，验证等效变换条件的正确性。

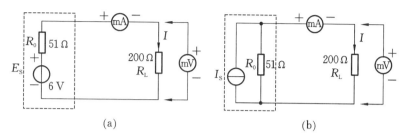

(a)   (b)

图 1.3.5   电源等效变换的条件测定电路

表 1.3.6   测定等效变换的条件实验数据记录表

E_S/V	R_0/Ω	R_L/Ω	U/V	I/mA
6	51	200		
I_S/mA	R_0/Ω	R_L/Ω	U/V	I/mA
6/51	51	200		

五、实验注意事项

（1）在测定电压源的外特性时，不要忘记测空载时的电压值；在改变负载时，不容许负载短路。测定电流源的外特性时，不要忘记测短路时的电流值；在改变负载时，不容许负载开路。

（2）换接线路时，必须关闭电源开关。

（3）直流电表的接入应注意极性与量程。

六、实验报告

（1）根据实验数据绘出电源的四条外特性曲线，并总结、归纳各类电源的特殊性。

（2）根据实验结果，验证电源等效变换的条件。

（3）心得体会及其他。

◀ 实验 1.4　叠加原理的验证 ▶

一、实验目的

验证线性电路叠加原理的正确性,加深对线性电路叠加性和齐次性的认识和理解。

二、实验原理

叠加原理指出:在由几个独立源共同作用下的线性电路中,通过每一个元件的电流或其两端的电压,可以看成是由每一个独立源单独作用时在该元件上所产生的电流或电压的代数和。

线性电路的齐次性是指当激励信号(某独立源的值)增加或减小 K 倍时,电路的响应(即在电路其他各电阻元件上所产生的电流和电压值)也将增加或减小 K 倍。

三、实验设备与器件

本实验所需设备与器件如表 1.4.1 所示。

表 1.4.1　实验 1.4 所需设备与器件

序　号	名　称	型号与规格	数　量
1	直流稳压电源	+6 V,+12 V	1个
2	可调直流稳压电源	0～30 V	1个
3	直流毫伏表	/	1个
4	直流毫安表	/	1个
5	叠加原理实验线路板	/	1块
6	测试导线	/	若干
7	二极管	IN4007	1个

四、实验内容

实验电路如图 1.4.1 所示。

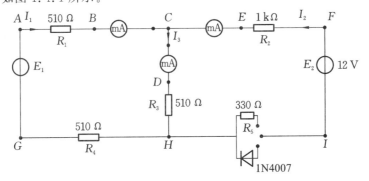

图 1.4.1　叠加原理的验证电路

（1）按图 1.4.1 接线，E_1、E_2 为可调直流稳压电源，取 $E_1 = +12$ V，$E_2 = +6$ V。

（2）令 E_1 单独作用（去除 E_2，并使 F、I 短接），将直流毫安表和直流毫伏表所在各支路的电流及各电阻元件两端电压记入表 1.4.2 中。

表 1.4.2　叠加原理的验证实验数据记录表（一）

实验内容	测 量 项 目									
	E_1/V	E_2/V	I_1/mA	I_2/mA	I_3/mA	U_{CF}/V	U_{IH}/V	U_{CH}/V	U_{HG}/V	U_{AC}/V
E_1 单独作用										
E_2 单独作用										
E_1、E_2 共同作用										
$2E_2$ 共同作用										

（3）令 E_2 单独作用（去除 E_1，并使 A、G 短接），重复实验步骤（2）的测量，并将数据记入表 1.4.2 中。

（4）令 E_1 和 E_2 共同作用，重复上述的测量并记录。

（5）将 E_2 的数值调至 $+12$ V，重复上述实验步骤（3）的测量并记录。

（6）将 R_5 换成一个二极管 IN4007，重复（1）～（5）的测量过程，将数据记入表 1.4.3 中。

表 1.4.3　叠加原理的验证实验数据记录表（二）

实验内容	测 量 项 目									
	E_1/V	F_2/V	I_1/mA	I_2/mA	I_3/mA	U_{CF}/v	U_{IH}/V	U_{CH}/V	U_{HG}/V	U_{AC}/V
E_1 单独作用										
E_2 单独作用										
E_1、E_2 共同作用										
$2E_2$ 共同作用										

五、实验注意事项

（1）用直流仪表测量时，应注意仪表的极性和数据表格中"＋""－"号的记录。

（2）注意仪表量程的及时更换。

六、实验报告

（1）根据实验数据验证线性电路的叠加性与齐次性。

（2）各电阻器所消耗的功率能否用叠加原理计算得出？试用上述实验数据进行计算并给出结论。

（3）通过实验步骤（6）及分析表格中的数据，你能得出什么样的结论？

（4）心得体会及其他。

实验 1.5　戴维南定理的验证及有源二端网络等效参数的测定

一、实验目的

(1) 验证戴维南定理的正确性。

(2) 掌握测定有源二端网络等效参数的一般方法。

二、实验原理

1. 戴维南定理

任何一个线性含源网络,如果仅研究其中一条支路的电压和电流,则可将电路的其余部分看作是一个有源二端网络(或称为含源二端口网络)。

戴维南定理指出:任何一个线性有源二端网络,总可以用一个等效电压源来代替,此电压源的电动势 E_s 等于这个有源二端网络的开路电压 U_{OC},其等效内阻 R_0 等于该网络中所有独立源均置零(理想电压源视为短路,理想电流源视为开路)时的等效电阻。

U_{OC} 和 R_0 称为有源二端网络的等效参数。

2. 有源二端网络等效参数的测定方法

(1) 开路电压、短路电流法。

在有源二端网络输出端开路时,用直流毫伏表直接测其输出端的开路电压 U_{OC},然后将其输出端短路,用直流毫安表测其短路电流 I_{SC},则内阻为 $R_0 = U_{OC}/I_{SC}$。

若二端网络的内阻值很低、短路电流很大,则不宜测短路电流。

(2) 伏安法。

用直流毫伏表、直流毫安表测出有源二端网络的外特性如图 1.5.1 所示。根据外特性曲线求出斜率 $\tan\varphi$,则内阻 $R_0 = \tan\varphi = \Delta U/\Delta I = U_{OC}/I_{SC}$。

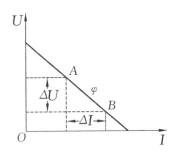

图 1.5.1　有源二端网络的外特性

用伏安法主要是测量开路电压 U_{OC} 及电流为额定值 I_N 时的输出端电压值 U_N,所以内阻为

$$R_0 = \tan\varphi = \frac{U_{OC} - U_N}{I_N}$$

(3) 半电压法。

如图 1.5.2 所示,当负载电压为被测有源二端网络开路电压的一半时,负载电阻(用万

用表测量)即为被测有源二端网络的等效内阻值。

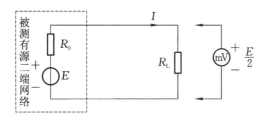

图 1.5.2　半电压法电路

（4）零示法。

在测量高内阻有源二端网络的开路电压时，用直流毫伏表进行直接测量会造成较大的误差，为了消除直流毫伏表内阻的影响，往往采用零示法测量，电路如图 1.5.3 所示。

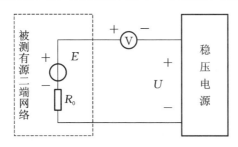

图 1.5.3　零示法电路

零示法测量原理是将一个低内阻的稳压电源与被测有源二端网络进行比较，当稳压电源的输出电压与有源二端网络的开路电压相等时，直流毫伏表的读数为零，然后将电路断开，测量此时稳压电源的输出电压，该输出电压就是被测有源二端网络的开路电压。

三、实验设备与器件

本实验所需设备与器件如表 1.5.1 所示。

表 1.5.1　实验 1.5 所需设备与器件

序　号	名　称	型号与规格	数　量
1	可调直流稳压电源	0～30 V	1个
2	可调直流恒流源	0～200 mA	1个
3	直流毫伏表	/	1个
4	直流毫安表	/	1个
5	万用表	/	1个
6	电阻器	/	1个
7	电位器	/	1个
8	实验线路板	/	1块
9	测试导线	/	若干

四、实验内容

被测有源二端网络和戴维南定理的等效电路如图 1.5.4 所示。

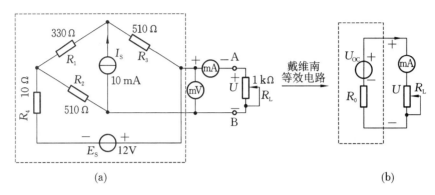

图 1.5.4 被测有源二端网络和戴维南定理的等效电路

（1）用开路电压、短路电流法测定戴维南等效电路的 U_{OC} 和 R_0。

按图 1.5.4(a) 电路接入可调直流稳压电源和可调直流恒流源及可变电阻 R_L，测定 U_{OC} 和 R_0，并记入表 1.5.2 中。

表 1.5.2 测定 U_{OC} 和 R_0 实验数据记录表

U_{OC}/V	I_{SC}/mA	$R_0 = \dfrac{U_{OC}}{I_{SC}}/\Omega$

（2）负载实验。

改变图 1.5.4(a) 中 R_L 的阻值，测定有源二端网络的外特性，并将相关数据记入表 1.5.3 中。

表 1.5.3 测定有源二端网络的外特性实验数据记录表

R_L/Ω	
U/V	
I/mA	

（3）验证戴维南定理。

用一个 1 kΩ 的电位器，将其阻值调整到等于按实验步骤（1）所得的等效电阻 R_0 之值，然后令其与直流稳压电源（调到实验步骤（1）时所测得的开路电压 U_{OC} 之值）相串联，如图1.5.4(b)所示，仿照实验步骤（2）测其外特性，并将相关数据记入表 1.5.4 中，对戴维南定理进行验证。

表 1.5.4 验证戴维南定理实验数据记录表

R_L/Ω	
U/V	
I/mA	

（4）用万用表的欧姆挡测定有源二端网络等效电阻（又称入端电阻）的其他方法：将被

测有源二端网络内的所有独立源置零(将可调直流恒流源断开,去除可调直流稳压电源并将原可调直流稳压压源所接两点用一根短路导线相连),然后用万用表的欧姆挡去测定负载 R_L 开路后输出端两点间的电阻,该电阻就是被测有源二端网络的等效内阻 R_0(或称网络的入端电阻)。

(5)用半电压法和零示法测量被测有源二端网络的等效内阻 R_0 及其开路电压 U_{OC}。电路自行设计,数据表格自拟。

五、实验注意事项

(1)测量时注意及时更换直流毫安表的量程。

(2)实验步骤(4)中,电压源置零时不可将可调直流稳压电源短接。

(3)用万用表直接测 R_0 时,网络内的独立源必须先置零,以免损坏万用表。

(4)改接线路时,需关掉电源。

六、实验报告

(1)根据实验步骤(2)和(3),分别绘出曲线,验证戴维南定理的正确性,并分析产生误差的原因。

(2)根据实验步骤(1)、(4)、(5),将用各种方法测得的 U_{OC}、R_0 和预先的电路计算的结果做比较,你能得出什么结论?

(3)总结实验结果。

(4)心得体会及其他。

实验1.6 正弦信号和方波脉冲信号的观察与测定

一、实验目的

（1）熟悉实验装置上函数信号发生器的布局，各旋钮、开关的作用和使用方法。

（2）初步掌握用双踪示波器观察信号波形的方法，能定量测出正弦信号和脉冲信号的波形参数。

二、实验原理

（1）正弦信号和方波脉冲信号是常用的电激励信号，由函数信号发生器提供。正弦信号的波形参数是幅值 U_m（或有效值 U）、周期 T（或频率 f）和初相 φ；方波脉冲信号的波形参数是幅值 U_m、脉冲周期 T 及脉宽 t_k。本实验所采用的装置能提供频率范围为 20 Hz～100 kHz、幅值可在 0～5 V 范围内连续可调的上述信号，并由六位 LED 数码管显示信号的频率，不同类型的输出信号可由波形选择开关来选取。

（2）双踪示波器是一种信号图形观察和测量仪器，可定量测出电信号的波形参数，从荧光屏的 Y 轴刻度尺并结合其量程分挡选择开关（Y 轴输入电压灵敏度 V/div 分挡选择开关），读得电信号的幅值；从荧光屏的 X 轴刻度尺并结合其量程分挡选择开关（时间扫描速度 s/div 分挡选择开关），读得电信号的周期、脉宽、相位差等参数。为了完成在不同的要求下对各种不同波形的观察和测量，它还有一些其他的调节控制旋钮，希望学生通过实验逐步掌握其使用方法。

三、实验设备与器件

本实验所需设备与器件如表 1.6.1 所示。

表 1.6.1 实验 1.6 所需设备与器件

序 号	名 称	型号与规格	数 量
1	函数信号发生器	/	1 台
2	双踪示波器	/	1 台
3	交流毫伏表	/	1 个
4	频率计	/	1 个
5	专用测试导线	/	若干

四、实验内容

1. 双踪示波器的自检

将双踪示波器面板部分的"标准信号"（0.5 V、1 kHz 的标准方波信号）插口，通过示波器专用轴电缆线接至双踪示波器的 Y 轴输入插口 Y_A 或 Y_B 端，然后开启示波器电源，指示灯亮,稍后,协调地调节示波器面板上"辉度""聚焦""辅助聚焦""Y 轴位移""X 轴位移"等旋钮,使在荧光屏的中心部分显示出线条细而清晰、亮度适中的方波波形,选择幅度和扫描速度灵敏度,并将它们的微调旋钮旋至"校准"位置,从荧光屏上读出该"标准信号"的幅值与频率。

2. 正弦信号的观察与测定

(1)将双踪示波器的幅度和扫描速度微调旋钮旋至"校准"位置。

(2)将函数信号发生器的波形选择开关置"正弦"位置,通过电缆线将"信号输出"口与示波器的 $Y_A(Y_B)$ 插口相连。

(3)调节信号源的频率和幅度旋钮,使输出频率分别为 100 Hz、1 kHz、10 KHz(由频率计读出),输出有效值分别为 1 V、2 V、3 V(由交流毫伏表读得),调节示波器 X 轴和 Y 轴灵敏度至合适位置,并将它们的微调旋钮旋至"校准"位置,从荧光屏上读得周期及幅值,将相关数据记入表 1.6.2 和表 1.6.3 中。

表 1.6.2　正弦信号频率的测定实验数据记录表

项目测定	频率计读数		
	100 Hz	1 kHz	10 kHz
示波器"t/div"位置			
一个周期占有的格数			
信号周期/s			
计算所得频率/Hz			

表 1.6.3　正弦信号有效值的测定实验数据记录表

项目测定	交流毫伏表读数		
	1 V	2 V	3 V
示波器"t/div"位置			
峰峰值波形格数			
峰值			
计算所得有效值			

3. 方波脉冲信号的观察与测定

(1)将函数信号发生器的波形选择开关置"方波"位置。

(2)调节信号源的频率和幅度旋钮,使输出频率分别为 100 Hz、1 kHz、10 kHz(由频率计读出),输出幅值分别为 1 V、2 V、3 V(用示波器测定),分别观察和测定方波脉冲信号的波形参数,并将相关数据记入表 1.6.4 和表 1.6.5 中。

表 1.6.4　方波脉冲信号频率的测定实验数据记录表

项目测定	频率计读数		
	100 Hz	1 kHz	10 kHz
示波器"t/div"位置			
一个周期占有的格数			
信号周期/s			
计算所得脉宽 t_k/s			

表 1.6.5　方波脉冲信号幅值的测定实验数据记录表

项 目 测 定	双踪示波器读数		
	1 V	2 V	3 V
示波器"t/div"位置			
峰峰值波形格数			
峰值			

五、实验注意事项

（1）双踪示波器的辉度不要过亮。

（2）调节仪器旋钮时，动作不要过猛。

（3）调节双踪示波器时，要注意触发开关和电平调节旋钮的配合使用，以使显示的波形稳定。

（4）做定量测定时，"t/div"和"v/div"的微调旋钮应旋至"校准"位置。

（5）函数信号发生器的接地端与双踪示波器的接地端要连接在一起（称共地）。

六、实验报告

（1）整理实验中显示的各种波形，绘制有代表性的波形。

（2）总结实验中所用仪器的使用方法及观察和测定电信号的方法。

（3）掌握双踪示波器的使用方法及出现不正常显示后的处理方法。

（4）心得体会及其他。

实验 1.7 *RC* 选频网络特性测试

一、实验目的

（1）熟悉文氏电桥电路的结构特点和应用。
（2）学会用交流毫伏表和双踪示波器测定文氏电桥电路的幅频特性和相频特性。

二、实验原理

文氏电桥电路是一个 *RC* 串并联电路，如图 1.7.1 所示。该电路结构简单，被广泛用于在低频振荡电路中作选频环节，可以获得很高纯度的正弦波电压。

（1）用函数信号发生器的正弦输出信号作为图 1.7.1 的激励信号 u_i，并在保持 u_i 值不变的情况下，改变输入信号的频率 f，用交流毫伏表或双踪示波器测出在各个频率点下输出端的输出电压 u_o 值，将这些数据画在以频率 f 为横轴，以 u_o 为纵轴的坐标纸上，用一条光滑的曲线连接这些点，该曲线就是上述电路的幅频特性曲线。

文氏电桥电路的一个特点是其输出电压的幅度会随输入信号的频率而变，而且会出现一个与输入电压同相位的最大值，如图 1.7.2 所示。

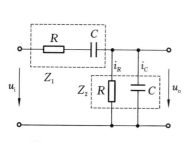

图 1.7.1 文氏电桥电路

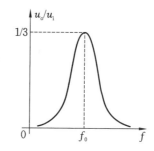

图 1.7.2 文氏电桥电路的幅频特性曲线

通过电路分析可知，该网络的传递函数为

$$\beta = T(\mathrm{j}\omega) = \frac{u_o(\mathrm{j}\omega)}{u_i(\mathrm{j}\omega)} = \frac{1}{3 + \mathrm{j}\left(\omega RC - \dfrac{1}{\omega RC}\right)}$$

当角频率 $\omega = \omega_0 = \dfrac{1}{RC}$，即 $f = f_0 = \dfrac{1}{2\pi RC}$ 时，$|\beta| = \dfrac{u_o}{u_i} = \dfrac{1}{3}$，且此时 u_o 与 u_i 同相。f_0 称电路固有频率。

由图 1.7.2 可见，*RC* 串并联电路具有带通特性。

（2）将上述电路的输入和输出分别接到双踪示波器 Y_A 和 Y_B 两个输入端，改变输入正弦信号的频率，观测相应的输入和输出波形间的时间差 t 及信号的周期 T，则两波形间的相位差为 $\varphi = \dfrac{t}{T} \times 360° = \varphi_o - \varphi_i$（输出相位与输入相位之差）。

将各个不同频率下的相位差 φ 测出，即可绘出被测电路的相频特性曲线，如图 1.7.3 所示。

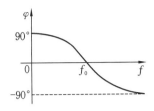

图 1.7.3 文氏电桥电路的相频特性曲线

三、实验设备与器件

本实验所需设备与器件如表 1.7.1 所示。

表 1.7.1 实验 1.7 所需设备与器件

序　号	名　　称	型号与规格	数　量
1	函数信号发生器	/	1 台
2	双踪示波器	/	1 台
3	交流毫伏表	/	1 个
4	RC 选频网络实验线路板	/	1 块
5	测试导线	/	若干

四、实验内容

1. 测量 RC 串并联电路的幅频特性

(1) 在实验板上按图 1.7.1 所示电路选取一组参数(取 $R=1\ \text{k}\Omega$, $C=0.1\ \mu\text{F}$)。

(2) 调节信号源,使其输出电压为 0.7 V 的正弦信号,接入图 1.7.1 的输入端。

(3) 改变信号源的频率 f(由频率计读得),并保持 $u_i=0.7$ V 不变,测量输出电压 u_o。(可先测量 $\beta=1/3$ 时的频率 f_0,然后在 f_0 左右设置其他频率点测量 u_o),将所测得的实验数据记入表 1.7.2 中。

(4) 另选一组参数(如令 $R=200\ \Omega$, $C=2\ \mu\text{F}$),重复测量一组数据,将所测得的实验数据记入表 1.7.2 中。

表 1.7.2 测量 RC 串并联电路的幅频特性实验数据记录表

$R=1\ \text{k}\Omega$, $C=0.1\ \mu\text{F}$	f/Hz	
	u_o/V	
$R=200\ \Omega$, $C=2\ \mu\text{F}$	f/Hz	
	u_o/V	

2. 测量 RC 串并联电路的相频特性

按实验原理(2)的方法步骤进行,选定如表 1.7.3 所示两组电路参数进行测量,并将所测得的实验数据记入表 1.7.3 中。

表 1.7.3　测量 RC 串并联电路的相频特性实验数据记录表

	f/Hz	
$R=1\ \text{k}\Omega,C=0.1\ \mu\text{F}$	T/ms	
	t/ms	
	φ	
$R=200\ \Omega,C=2\ \mu\text{F}$	T/ms	
	t/ms	
	φ	

五、实验注意事项

考虑到信号内阻的影响,在调节输出频率时,应同时调节输出幅度,使实验电路的输入电压保持不变。

六、实验报告

(1) 根据实验数据,绘制幅频特性曲线和相频特性曲线;找出输出电压 u_o 的最大值,并将与理论计算值进行比较。

(2) 讨论实验结果。

(3) 心得体会及其他。

◀ 实验 1.8 *RLC* 串联谐振电路的研究 ▶

一、实验目的

（1）学习用实验方法测绘 *RLC* 串联谐振电路的幅频特性曲线。

（2）加深理解电路发生串联谐振的条件、特点，掌握电路品质因数的物理意义和测定方法。

二、实验原理

（1）在图 1.8.1 所示的 *RLC* 串联谐振电路中，当正弦交流信号的频率 f 改变时，电路中的感抗、容抗随之而变，电路中的电流也随 f 而变。取电路中的电流为响应，当输入电压 u_i 维持不变时，在不同频率的信号激励下，测出电阻 R 两端电压 u_o 的值，由 $i = u_o/R$ 计算出 i，然后以 f 为横坐标，以 i 为纵坐标，绘出光滑的曲线，此即为 *RLC* 串联谐振电路的幅频特性曲线，亦称电流谐振曲线，如图 1.8.2 所示。

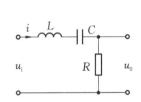

图 8.1 *RLC* 串联谐振电路（一）   图 1.8.2 *RLC* 串联谐振电路的幅频特性曲线

（2）在 $f = f_0 = 1/(2\pi\sqrt{LC})$ 处，即幅频特性曲线尖峰所在的频率点称为谐振频率，此时 $X_L = X_C$，电路呈电阻性，电路阻抗的模最小。在输入电压 u_i 为定值时，电路中的电流 i 达到最大值 I_0，且与输入电压 u_i 同相位。从理论上讲，此时 $u_i = u_R = u_o$，$u_L = u_C = Qu_i$。式中，u_C 与 u_L 分别为谐振时电容器 C 和电感线圈 L 上的电压，Q 称为电路的品质因数。

（3）电路品质因数 Q 值有两种测量方法。

一种方法是根据公式

$$Q = \frac{u_L}{u_i} = \frac{u_C}{u_i}$$

测定。

另一种方法是先测量电流谐振曲线的通频带宽度

$$\Delta f = f_H - f_L$$

再根据

$$Q = \frac{f_0}{f_H - f_L}$$

求出 Q 值。式中 f_H、f_L 分别是失谐时幅度下降到最大值的 $1/\sqrt{2}(=0.707)$ 时的上、下频率点。Q 值越大，曲线越尖锐，通频带越窄，电路的选择性越好。在恒压源供电时，电路的品质因数、选择性与通频带只取决于电路本身的参数,而与信号源无关。

三、实验设备与器件

本实验所需设备与器件如表 1.8.1 所示。

表 1.8.1　实验 1.8 所需设备与器件

序　　号	名　　称	型号与规格	数　　量
1	函数信号发生器	/	1 台
2	双踪示波器	/	1 台
3	交流毫伏表	/	1 个
4	频率计	/	1 个
5	谐振电路实验线路板	/	1 块
6	专用测试导线	/	若干

四、实验内容

（1）按图 1.8.3 接线,取 $R=510\ \Omega$,调节信号源,使其输出电压为 1 V 的正弦信号,并在整个实验过程中保持不变。

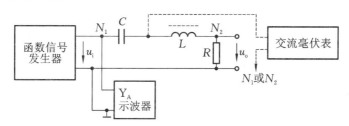

图 1.8.3　*RLC* 串联谐振电路（二）

（2）找出电路的谐振频率 f_0,方法是将交流毫伏表跨接在电阻 R 两端,调节信号源的频率,使其由小逐渐变大(注意要维持信号源的输出幅度不变),当 u_o 的读数为最大时,频率计上的频率值即为电路的谐振频率 f_0,并测量 u_o、u_L、u_C(注意及时更换交流毫伏表的量限),记入表 1.8.2 中。

表 1.8.2　*RLC* 串联谐振电路的研究实验数据记录表（一）

$R/\text{k}\Omega$	f_0/kHz	u_o/V	u_L/V	u_C/V	I_0/mA	Q
0.51						
1.5						

（3）在谐振点两侧,先测出下限频率 f_L 和上限频率 f_H 及相对应的 u_o 值,然后逐点测出不同频率下 u_o 的值,记入表 1.8.3 中。

（4）取 $R=1.5\ \text{k}\Omega$,重复实验步骤(2)、(3)的测量过程,并把测量结果记入表 1.8.3 中。

表 1.8.3　**RLC 串联谐振电路的研究实验数据记录表（二）**

$R/\text{k}\Omega$		f_0	
0.51	f/kHz		
	u_o/V		
	i/mA		
1.5	f/kHz		
	u_o/V		
	i/mA		

五、实验注意事项

（1）测试频率点时，在谐振频率附近多取几个点；变换频率测试时，应调整信号输出幅度，维持 1 V 输出不变。

（2）在测量 u_C 和 u_L 前，应及时更换交流毫伏表的量限，而且在测量 u_C 与 u_L 时，交流毫伏表的一端接触 C 与 L 的公共点，另一端分别触及 C 和 L 的 N_1 和 N_2。

六、实验报告

（1）根据测量数据，绘出不同 Q 值时两条幅频特性曲线。

（2）计算出通频带和 Q 值，说明 R 值对电路通频带和品质因数的影响。

（3）对两种不同的测 Q 值的方法进行比较，分析产生误差的原因。

（4）通过本次实验，总结、归纳串联谐振电路的特性。

（5）心得体会及其他。

◀ 实验 1.9　日光灯电路及功率因数的提高 ▶

一、实验目的

(1) 认识提高功率因数的意义,了解对感性负载提高功率因数的方法。

(2) 熟悉日光灯电路的接线与工作原理,掌握功率因数的间接测量方法。

二、实验原理

1. 日光灯电路及其工作原理

(1) 电路。日光灯电路如图 1.9.1 所示,它主要由灯管、启辉器和镇流器等部件组成。灯管是一根玻璃管,其内壁涂有荧光粉,两端各有一个阳极和灯丝,前者为镍丝,后者为钨丝,二者焊在一起,管内充有惰性气体和水银蒸汽。启辉器由封在充有惰性气体的玻璃泡内的双金属片和静触片组成,双金属片和静触片都具有触头。这里用一个按钮开关来代替启辉器。

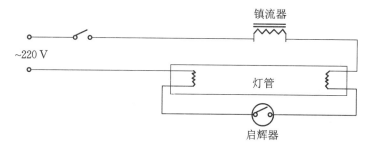

图 1.9.1　日光灯电路

(2) 日光灯电路的工作原理。当日光灯刚接通电源时,启辉器的两个触头是断开的,电路中没有电流,电源电压全加在启辉器的两个触头之间,产生辉光放电,电流经过启辉器、灯丝和镇流器(三者形成通路),对灯丝加热,灯丝发出大量电子。启辉器放电时产生大量的热量,使双金属片受热膨胀,从而使触头闭合,放电结束。双金属片冷却后两触头断开,通路被切断,在触头被切断的瞬间镇流器产生相当高的自感电势,它与电源电压串联加在灯管的两端,启动管内的水银蒸汽放电,这时辐射出的紫外线照到灯管内壁的荧光粉上,荧光粉发出白光。灯管放电后,电源电压大部分加在镇流器上,灯管两端电压(即启辉器两触头之间的电压)较低,不能使启辉器放电,因而其触头不能再接触。在电网交流电的作用下,灯管两端的灯丝与阳极之间的电位不断发生变化,一端为正电位的时候另一端为负电位。负电位端发射电子,正电位端吸收电子,从而形成电流通路。

2. 功率因数的提高

(1) 功率因数:对于一个无源二端网络,它所吸收的功率 $P = UI\cos\varphi$,其中 $\cos\varphi$ 称为该无源二端网络的功率因数。功率因数的大小取决于端电压和电流之间的相位差,即取决于该无源二端网络等值阻抗的阻抗角 φ。

（2）提高功率因数的方法。提高功率因数，就是设法补偿电路的无功电流分量。对于感性负载，可以并联一个电容器，使流过电容器的无功电流分量与流过电感负载的电流无功分量互相补偿，以减小电压和电流之间的相位差，从而提高功率因数。

3. 提高功率因数的实际意义

作为动力系统的主要用户，工厂的负载如感应电动机、变压器都是感性的，它们的功率因数较低，低功率因数的负载会对动力系统的运行产生不良影响。例如，动力系统不能充分利用电源的容量，同时由于一定的负载功率需要较大的电流，因而增大了输电线的损耗，降低了传输效率。提高负载的功率因数，就能克服上述不良影响，具有实际意义。

三、实验设备与器件

本实验所需设备与器件如表 1.9.1 所示。

表 1.9.1　实验 1.9 所需设备与器件

序　　号	名　　称	型号与规格	数　　量
1	电工技术实验台	RTDG-3A 或 RTDG-4B	1 台
2	日光灯灯管	40 W/220 V	1 根
3	实验电路板	RTDG-08	1 台
4	交流毫伏表	/	1 个
5	交流毫安表	/	1 个
6	瓦特表	/	1 个
7	导线	/	若干

四、实验内容

1. 观察日光灯的启辉情况

（1）按图 1.9.2 接线，检查无误后，再按下述要求接通电路。

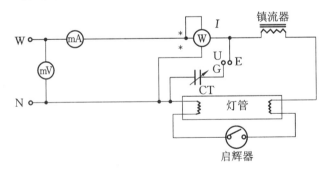

图 1.9.2　日光灯电路接线图

（2）在不接入 CT 即断开 E、G 的情况下接通日光灯电源，观察日光灯的启辉情况。

（3）在日光灯启动后将启辉器取掉，观察日光灯有无变化。

（4）在取掉启辉器的情况下，重复实验步骤（1），观察日光灯是否能启动发光。

2. 测量日光灯电路的功率因数

（1）在不接入 CT 即断开 E、G 的情况下，接通日光灯电源。

（2）启辉日光灯。

（3）读取交流毫伏表、交流毫安表、瓦特表的读数，记入表 1.9.1 中。

（4）计算日光灯电路的功率因数。

3. 提高日光灯电路的功率因数

（1）在接入 CT 即接通 E、G 的情况下，接通日光灯电源。

（2）启辉日光灯。

（3）读取交流毫伏表、交流毫安表、瓦特表的读数，记入表 1.9.2 中。

（4）计算日光灯电路的功率因数。

表 1.9.2　日光灯电路及功率因数的提高实验数据记录表

实 验 项 目	被 测 量			
	U/V	I/mA	P/W	$\cos\varphi$
日光灯电路并联电容前				
日光灯电路并联电容后				

五、实验注意事项

（1）日光灯启动电流较大，在日光灯启辉前要将瓦特表电流线圈短路，以保护瓦特表。

（2）接好电路，检查无误后接通电源，以免损坏日光灯灯管。

六、实验报告

（1）根据实验数据计算上述两种情况下日光灯电路的功率因数。

（2）总结提高日光灯电路功率因数的方法。

（3）心得体会及其他。

实验 1.10　三相交流电路电压与电流的测量

一、实验目的

(1) 掌握三相负载星形连接、三角形连接的方法,验证这两种接法下线、相电压,线、相电流之间的关系。

(2) 充分理解三相四线供电系统中中线的作用。

二、实验原理

(1) 三相负载可接成星形(又称"Y"接法)或三角形(又称"△"接法)。

当三相对称负载做星形连接时,可以采用三相三制接法,线电压 U_l 是相电压 U_p 的 $\sqrt{3}$ 倍,线电流 I_l 等于相电流 I_p,即

$$U_l = \sqrt{3} U_p, \quad I_l = I_p$$

当对称三相负载做三角形连接时,有

$$I_l = \sqrt{3} I_p, \quad U_l = U_p$$

(2) 不对称三相负载做星形连接时,必须采用三相四制接法,即 Y_0 接法,而且中线必须牢固连接,以保证三相不对称负载的相电压基本对称,即

$$U_l \approx \sqrt{3} U_p$$

中线断开,会导致三相负载相电压的不对称,致使负载轻的那一相的相电压过高,使负载遭受损坏;负载重的一相相电压又过低,使负载不能正常工作。尤其是对于三相照明负载,一律无条件地采用 Y_0 接法。

(3) 对于不对称负载做三角形连接时,$I_l \neq \sqrt{3} I_p$,只要电源的线电压 U_l 对称,那么加在三相负载上的相电压仍是对称的,对各相负载工作没有影响,即

$$U_l = U_p$$

三、实验设备与器件

本实验所需设备与器件如表 1.10.1 所示。

表 1.10.1　实验 1.10 所需设备与器件

序　号	名　称	型号与规格	数　量
1	三相交流电源	/	1 个
2	交流毫伏表	/	1 个
3	交流电流表	/	2 个
4	三相灯组负载	15 W/220 V	6 个
5	测试导线		若干

四、实验内容

1. 三相负载星形连接(三相四线制供电)

按图 1.10.1 线路连接实验电路,即三相灯组负载接通三相对称电源,经指导老师检查无误后,方可合上三相电源开关,使输出的在三相线电压为 220 V,按表 1.10.2 所列各项要求分别测量三相负载的线电流(相电流)、线电压、相电压、中线电流、电源与负载中点间的电压,并记录。

在本次实验中,按表 1.10.1 组合三相对称与三相不对称负载,并观察各相灯组亮暗的变化程度,特别要注意观察中线的作用。

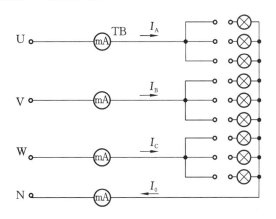

图 1.10.1 三相负载星形连接电路

表 1.10.2 三相负载星形连接实验数据记录表

负载情况	开灯盏数			测量数据									
				线电流/A			线电压/V			相电压/V			中线电流 I_0/A	中点电压 U_{N0}/V
	A 相	B 相	C 相	I_A	I_B	I_C	U_{AB}	U_{BC}	U_{AC}	U_{A0}	U_{B0}	U_{C0}		
Y_0 接对称负载	2	2	2											
Y 接对称负载	2	2	2											
Y_0 接不平衡负载	3	1	1											
Y 接不平衡负载	3	1	1											
Y_0 接 A 相断开	断	1	1											
Y 接 A 相断开	断	1	1											
Y 接 A 相短路	短	1	1											

2. 三相负载三角形连接(三相三线制供电)

按图 1.10.2 改接线路,经指导老师检查无误后接通三相电源,使其输出线电压为 220 V,按表 1.10.3 的内容进行测试。

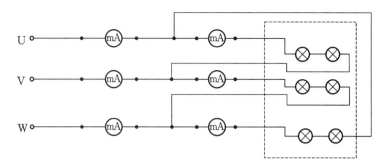

图 1.10.2　三相负载三角形连接电路

表 1.10.3　三相负载三角形连接实验数据记录表

负载情况	测量数据										
	开灯盏数			线电压(等于三相电压)/V			线电流/mA			相电流/mA		
	A、B 相	B、C 相	C、A 相	U_{AB}	U_{BC}	U_{AC}	I_A	I_B	I_C	I_{AB}	I_{BC}	I_{CA}
三相平衡	2	2	2									
三相不平衡	3	1	1									

五、实验注意事项

（1）本实验采用三相交流市电,线电压为 380 V,应穿绝缘鞋进入实验室,实验时要注意人身安全,不可触及导电部件,防止意外事故的发生。

（2）每次接线完毕,同组同学自查一遍,然后由指导老师检查无误后,方可接通电源。必须严格遵守先接线后通电、先断电后拆线的实验操作原则。

（3）三相负载星形连接做短路实验时,必须首先断开中线,以免发生短路事故。

六、实验报告

（1）用实验测得的数据验证对称三相电路中的线值与相值的 $\sqrt{3}$ 关系。

（2）根据实验数据和观察到的现象,总结三相四线供电系统中中线的作用。

（3）不对称三角形连接的负载能否正常工作? 实验是否能证明这一点?

（4）根据不对称负载三角形连接时的相电流值作相量图,并求出线电流值,然后与由实验测得的线电流做比较,并进行分析。

（5）心得体会及其他。

实验 1.11　*RC* 一阶电路的响应测试

一、实验目的

（1）测定 *RC* 一阶电路的零输入响应、零状态响应和完全响应。
（2）学习电路时间常数的测量方法。
（3）掌握有关微分电路和积分电路的概念。
（4）进一步学会用双踪示波器观测图形。

二、实验原理

（1）动态网络的过渡过程是十分短暂的单次变化过程。对于时间常数 τ 较大的电路，可用慢扫描长余辉示波器观察光点移动的轨迹。然而用一般的双踪示波器观察过渡过程和测量有关的参数，必须使这种单次变化过程重复出现。为此，利用函数信号发生器输出的方波来模拟阶跃激励信号，即将方波输出的上升沿作为零状态响应的正阶跃激励信号，将方波下降沿作为零输入响应的负阶跃激励信号，只要使方波的重复周期远大于电路的时间常数 τ，电路的过渡过程就和直流电源接通与断开的过渡过程基本相同。

（2）*RC* 一阶电路的零输入响应和零状态响应分别按指数规律衰减和增长，其变化的快慢取决于电路的时间常数 τ。

（3）时间常数的测定方法。

在图 1.11.1(a)所示的电路中，开关 K 由位置 1 合向位置 2，用双踪示波器测得零输入响应的波形如图 1.11.1(b)所示。

根据一阶微分方程的求解得知：

$$u_C = E\mathrm{e}^{-\frac{t}{RC}} = E\mathrm{e}^{-\frac{t}{\tau}}$$

当 $t=\tau$ 时，

$$u_C(\tau) = 0.368E$$

此时所对应的时间就等于 τ。

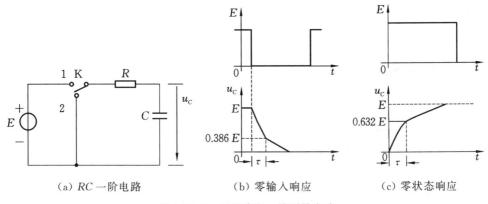

（a）*RC* 一阶电路　　　（b）零输入响应　　　（c）零状态响应

图 1.11.1　时间常数 τ 的测量方法

时间常数 τ 也可用零状态响应波形增长到 $0.632E$ 所对应的时间测得,如图 1.11.1(c)所示。

(4) 微分电路和积分电路是 RC 一阶电路中较典型的电路,它们对电路元件参数和输入信号的周期有着特定的要求。一个简单的 RC 串联电路,在方波序列脉冲的重复激励下,当满足 $\tau = RC \ll T/2$(T 为方波序列脉冲的重复周期),且由 R 两端的电压作为响应输出时,就构成了一个微分电路,如图 1.11.2(a)所示。此时电路的输出信号电压与输入信号电压的微分成正比。

若将图 1.11.2(a)中的 R 与 C 位置调换一下,即由 C 两端的电压作为响应输出,且当电路参数的选择满足 $\tau = RC \gg T/2$ 条件时,就构成了积分电路,如图 1.11.2(b)所示。此时电路的输出信号电压与输入信号电压的积分成正比。

从输出波形来看,上述两个电路均起着波形变换的作用,请在实验过程中仔细观察与记录。

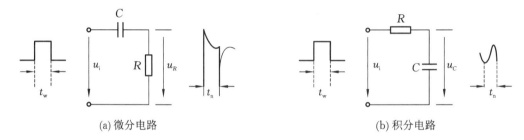

(a) 微分电路　　　　　　　　　　　　　　(b) 积分电路

图 1.11.2　微分电路与积分电路

三、实验设备与器件

本实验所需设备与器件如表 1.11.1 所示。

表 1.11.1　实验 1.11 所需设备与器件

序　号	名　　称	型号与规格	数　量
1	函数信号发生器	/	1 台
2	双踪示波器	/	1 台
3	RC 一阶实验线路板	/	1 块
4	专用测试导线	/	若干

四、实验内容

RC 一阶实验线路板的结构如图 1.11.3 所示,认清 RC 一阶实验线路板上 R、C 元件的布局及其标称值,以及各开关的通断位置等。

(1) 在 RC 一阶实验线路上选 $R = 10\ \text{k}\Omega$,$C = 3\ 300\ \text{pF}$,组成如图 1.11.1(a)所示的 RC 充放电电路,E 由函数信号发生器输出,取 $U_{im} = 2\ \text{V}$,$f = 1\ \text{kHz}$ 的方波电压信号,并通过两根同轴电缆将激励源 u_i 和响应 u_C 的信号分别连至双踪示波器的两个输入口 Y_A 和 Y_B。这时可在双踪示波器的屏幕上观察到激励与响应的变化规律,求测时间常数 τ,并描绘 u_i 及 u_C

波形。

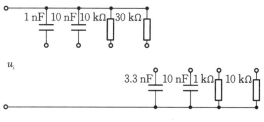

图 1.11.3　RC 一阶实验线路板的结构

少量改变电容值或电阻值,定性观察对响应的影响,记录观察到的现象。

(2) 令 $R=10\ \text{k}\Omega,C=0.01\ \mu\text{F}$,观察并描绘响应波形;继续增大 C 的值,定性地观察对响应的影响。

(3) 令 $C=0.01\ \mu\text{F},R=1\ \text{k}\Omega$,组成如图 1.11.2 所示的微分电路。在同样的方波激励信号($U_{\text{im}}=2\ \text{V},f=1\ \text{kHz}$)的作用下,观测并描绘激励与响应的波形。

增减 R 的值,定性地观察对响应的影响,并记录。当 R 增至 $1\ \text{M}\Omega$ 时,输入、输出波形有何本质上的区别?

五、实验注意事项

(1) 调节电子仪器各旋钮时,动作不要过快、过猛。实验前,需熟读双踪示波器的使用说明书。观察双踪时,要特别注意相应开关、旋钮的操作与调节。

(2) 信号源的接地端与示波器的接地端要连在一起(称共地),以防外界干扰而影响测量的准确性。

(3) 双踪示波器的辉度不应过亮,尤其是光点长期停留在荧光屏上不动时,应将辉度调暗,以延长示波管的使用寿命。

六、实验报告

(1) 根据实验观测结果,在方格纸上绘出 RC 一阶电路充放电时 u_C 的变化曲线,由曲线测得 τ 值,并与参数值的计算结果做比较,分析误差原因。

(2) 根据实验观测结果,归纳、总结积分电路和微分电路的形成条件,阐明波形变换的特征。

(3) 心得体会及其他。

◀ 实验 1.12　单相铁芯变压器参数和特性的测试 ▶

一、实验目的

(1) 通过测量,计算变压器的各项参数。

(2) 学会测绘变压器的空载特性和外特性。

二、实验原理

(1) 测试变压器参数的电路如图 1.12.1 所示。由各仪表读得变压器原边(AX,设为低压侧)的 U_1、I_1、P_1 及副边(ax,设为高压侧)的 U_2、I_2,并用万用表 R×1 挡测出原、副绕组的电阻 R_1、R_2,即可算得变压器的各项参数值。

电压比 $$K_U = \frac{U_1}{U_2}$$

电流比 $$K_I = \frac{I_2}{I_1}$$

原边阻抗模 $$Z_1 = \frac{U_1}{I_2}$$

副边阻抗模 $$Z_2 = \frac{U_2}{I_1}$$

阻抗比 $$K_Z = \frac{Z_1}{Z_2}$$

功率因数 $$\cos\varphi_1 = \frac{P_1}{U_1 I_1}$$

负载功率 $$P_2 = U_2 I_2$$

损耗功率 $$P_0 = P_1 - P_2$$

原边铜耗 $$P_{cu1} = I_1^2 R_1$$

副边铜耗 $$P_{cu2} = I_2^2 R_2$$

铁耗 $$P_{Fe} = P_0 - (P_{cu1} + P_{cu2})$$

(2) 变压器空载特性测试。

铁芯变压器是一个非线性元件,铁芯中的磁感强度 B 取决于外加电压的有效值 U。当副边开路即空载时,原边的励磁电流 I_{10} 与磁场强度 H 成正比,在变压器中,副边空载时,原边电压与电流的关系称为变压器的空载特性,这与铁芯的磁化曲线(B-H 曲线)是一致的。

空载实验通常是将高压侧开路,由低压侧通电进行测量,又因空载时功率因数很低,故测量功率时应用低功率因数瓦特表。此外,因变压器空载时阻抗很大,故交流毫伏表应接在交流电流表外侧。

(3) 变压器外特性测试。

为了满足实验装置上三组灯泡负载额定电压为 220 V 的要求,以变压器的低压(36 V)绕

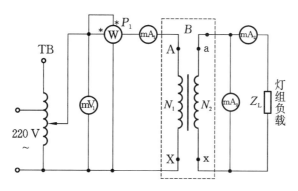

图 1.12.1 测试变压器参数的电路

组作为原边,以 220 V 的高压绕组作为副边,即将变压器当作一台升压变压器使用。

在保持原边电压 U_1(等于 36 V)不变时,逐次增加灯泡负载个数(每只灯泡为 15 W),测定 U_1、U_2、I_1、I_2,即可绘出变压器的外特性,即负载特性曲线 $U_2 = f(I_2)$。

三、实验设备与器件

本实验所需设备与器件如表 1.12.1 所示。

表 1.12.1 实验 1.12 所需设备与器件

序 号	名 称	型号与规格	数 量
1	单相交流电源	0~220 V	1 个
2	交流毫伏表	/	1 个
3	交流电流表	/	2 个
4	瓦特表	/	1 个
5	变压器实验板	36 V/220 V,50 VA	1 块
6	白炽灯	15 W/220 V	3 只
7	测试导线	/	若干

四、实验内容

(1)用交流法判别变压器绕组的极性。

(2)按图 1.12.1 接线,AX 为低压绕组,ax 为高压绕组,即电源经调压器 TB 接至低压绕组,高压绕组接 220 V、15 W 的灯组负载(通过将 3 只灯泡并联获得),经指导老师检查后方可进行实验。

(3)将调压器手柄置于输出电压为零的位置(逆时针旋到底),然后合上电源开关,并调节调压器,使其输出电压等于变压器低压侧的额定电压 36 V,令负载开路及逐次增加负载至额定值,将四个仪表的读数记入表 1.12.2 中,绘制变压器外特性曲线。

表 1.12.2　单相铁芯变压器参数和特性的测试实验数据记录表（一）

白炽灯/只	0	1	2	3
P_1/W				
I_1/mA				
U_2/V				
I_2/mA				

实验完毕,将调压器调回零位,断开电源。

（4）将高压线圈（副边）开路,确认调压器处在零位后,合上电源,调节调压器输出电压,使 U_1 从零逐渐上升到 1.2 倍的额定电压（1.2×36 V）,分别记下各次测得的 U_1、I_{10}、U_{20},记入表 1.12.3 中,绘制变压器空载特性曲线。

表 1.12.3　单相铁芯变压器参数和特性的测试实验数据记录表（二）

U_1/V	1	5	10	15	20	25	30	35	40
I_{10}/mA									
U_{20}/V									

五、实验注意事项

（1）本实验是将变压器作为升压变压器使用,并用调压器提供原边电压 U_1,故使用调压器时首先将其调至零位,然后才可合上电源。此外,必须用交流毫伏表监视调压器的输出电压,防止被测变压器输入过高电压而损坏实验设备,且要注意安全,以防高压触电。

（2）由负载实验转到空载实验时,要注意及时变更仪表量程。

（3）遇异常情况,应立即断开电源,待处理好故障后,再继续实验。

六、实验报告

（1）根据实验数据绘出变压器的外特性曲线和空载特性曲线。

（2）根据额定负载时测得的数据,计算变压器的各项参数。

（3）计算变压器的电压调整率,公式为

$$\Delta U = \frac{U_{20} - U_{2N}}{U_{2N}} \times 100\%.$$

（4）心得体会及其他。

实验 1.13 三相鼠笼式异步电动机拖动实验板

一、实验目的

(1) 熟悉三相鼠笼式异步电动机的结构和额定值。
(2) 学习检验异步电动机绝缘情况的方法。
(3) 学习三相异步电动机定子绕组首、末端的判别方法。
(4) 掌握三相鼠笼式异步电动机的启动和反转方法。

二、实验原理

1. 三相鼠笼式异步电动机的结构

异步电动机是基于电磁原理把交流电能转换为机械能的一种旋转电机。

三相鼠笼式异步电动机的基本结构由定子和转子两大部分组成。

定子主要由定子铁芯、三相对称定子绕组和机座等组成,是电动机的静止部分。三相对称定子绕组一般有六根引出线,出线端装在机座外面的接线盒内,如图 1.13.1 所示。根据三相电源电压的不同,三相对称定子绕组可以接成星形(Y)或三角形($\triangle$),然后与三相交流电源相连。

转子主要由转子铁芯、转轴、鼠笼式转子绕组、风扇等组成,是电动机的旋转部分。小容量三相鼠笼式异步电动机的转子绕组大都采用铝浇铸而成,冷却方式一般都采用扇冷式。

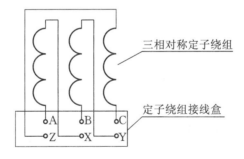

图 1.13.1 三相鼠笼式异步电动机的定子

2. 三相鼠笼式异步电动机的铭牌

三相鼠笼式异步电动机的额定植标记在电动机的铭牌上。本实验装置三相鼠笼式异步电动机的铭牌信息如下。

型号——YS6314;电压——380 V/220 V;接法 Y/$\triangle$;功率——180 W;电流——0.65 A/1.13 A;转速——1 400 r/min;定额——连续。

其中:功率为额定运行情况下,电动机轴上输出的机械功率;电压为额定运行情况下,三相对称定子绕组应加的电源线电压值;接法为三相对称定子绕组接法,当额定电压为 380 V/

220 V 时,应为 Y/△接法;电流为额定运行情况下,当电动机输出额定功率时,定子电路的线电流值。

3. 三相鼠笼式异步电动机的检查

三相鼠笼式异步电动机使用前应做必要的检查。

(1) 机械检查。

检查引出线是否齐全、牢靠,转子转动是否灵活、有无异常声响。

(2) 电气检查。

① 用兆欧表检查电动机绕组间及绕组与机壳之间的绝缘性能。

三相鼠笼式异步电动机的绝缘电阻可以用兆欧表进行测量。对额定电压 1 kV 以下的三相鼠笼式异步电动机,其绝缘电阻值不得小于 1 MΩ/V,测量方法如图 1.13.2 所示。一般 500 V 以下的中小型三相鼠笼式异步电动机最低应有 0.5 MΩ 的绝缘电阻。

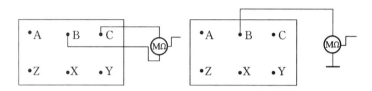

图 1.13.2 三相鼠笼式异步电动机绝缘电阻的测量

② 定子绕组首、末端的判断。

三相鼠笼式异步电动机三相对称定子绕组的六个出线端有三个首端和三个末端。一般,首端标以 A、B、C,末端标以 X、Y、Z,如果在接线时没有按照首、末端的标记接,则当电动机启动时磁势和电流就会不平衡,因而导致绕组发热、振动、有噪声,甚至电动机不能启动因过热而烧毁。由于某种原因定子绕组六个出线端标记无法辨别时,可以通过实验方法判别其首、末端(即同名端)。具体如下。

用万用表欧姆挡从六个出线端确定哪一对引出线是属于同一相的,分别找出三相绕组,并标以符号,如 A、X,B、Y,C、Z。将其中的任意两相绕组串联,如图 1.13.3 所示。

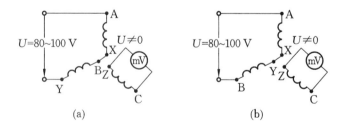

(a)　　　　　　　　　(b)

图 1.13.3 三相鼠笼式异步电动机定子绕组首、末端的判别测量方法

将实验台单相自耦调压器手柄置零位,开启电源总开关,按下启动按钮,接通三相交流电源。调节调压器输出,使在相串联两组绕组出线端施以单相低电压 $U = 80 \sim 100$ V,测出第三相绕组的电压,如果测得的电压值有一定读数,则表示两相绕组的末端与首端相连,如图 1.13.3(a)所示。反之,如果测得的电压近似为零,则表示两相绕组的末端与末端(首端与首端)相连,如图 1.13.3(b)所示。用同样方法可测出第三相绕组的首、末端。

4. 三相鼠笼式异步电动机的启动

三相鼠笼式异步电动机的直接启动电流可达额定电流的 4~7 倍，但持续时间很短，不致引起电动机过热而烧坏。但对容量较大的三相鼠笼式异步电动机，过大的启动电流会导致电网电压的下降而影响其他的负载正常运行。三相鼠笼式异步电动机通常采用降压启动，最常用的降压启动是 Y/△ 换接启动，它可使启动电流减小到直接启动时的 1/3。其使用的条件是正常运行必须做三角形连接。

5. 三相鼠笼式异步电动机的反转

异步电动机的旋转方向取决于三相电源接入定子绕组时的相序，故只要改变三相电源与定子绕组连接的相序即可使电动机改变旋转方向。

三、实验设备与器件

本实验所需设备与器件如表 1.13.1 所示。

表 1.13.1　实验 1.13 所需设备与器件

序　　号	名　　称	型号与规格	数　　量
1	三相交流电源	380 V，220 V	1 个
2	三相鼠笼式异步电动机	/	1 台
3	兆欧表	/	1 个
4	交流电压表	/	1 个
5	交流电流表	/	1 个
6	万用表	/	1 个
7	测试导线	/	若干

四、实验内容

（1）抄录三相鼠笼式异步电动机的铭牌信息，并观察其结构。

（2）用万用表判定三相鼠笼式异步电动机三相对称定子绕组的首、末端。

（3）用兆欧表测量三相鼠笼式异步电动机的绝缘电阻，并记入表 1.13.2 中。

表 1.13.2　三相鼠笼式异步电动机的绝缘电阻

各相绕组之间的绝缘电阻		绕组对地（机座）之间的绝缘电阻	
A 相与 B 相	＿＿MΩ	A 相与地（机座）	＿＿MΩ
A 相与 C 相	＿＿MΩ	B 相与地（机座）	＿＿MΩ
B 相与 C 相	＿＿MΩ	C 相与地（机座）	＿＿MΩ

（4）三相鼠笼式异步电动机的直接启动。

① 采用 380 V 三相交流电源。

将三相自耦调压器手柄置于输出电压为零的位置,根据电动机的容量选择合适的交流电流表量程。

开启实验台上三相交流电源总开关,按启动按钮,此时自耦调压器原绕组端 U_1、V_1、W_1得电,调节调压器输出使 U、V、W 端输出线电压为 380 V,三个电压表指示应基本平衡。保持自耦调压器手柄位置不变,按停止按钮,自耦调压器断电。

a. 按图 1.13.4 接线,将电动机三相定子绕组接成 Y 接法;供电线电压为 380 V;实验线路中 Q_1 及 FU 由实验台上的接触器 KM 和熔断器 FU 代替,学生可由 U、V、W 端子开始接线,以后各控制实验均如此。

b. 按实验台上的启动按钮,电动机直接启动,观察启动瞬间电流冲击情况及电动机旋转方向,记录启动电流。当启动运行稳定后,将电流表量程切换至较小量程挡位上,记录空载电流。

c. 电动机稳定运行后,突然拆除 U、V、W 中的任一相电源(注意小心操作,以免触电),观测电动机单相运行时电流表的读数并记录。再仔细倾听电动机的运行声音有何变化(可由指导老师示范操作)。

d. 电动机启动之前先断开 U、V、W 中的任一相,使其缺相启动,观测电流表的读数并记录,观察电动机能否启动,再仔细倾听电动机有无发出异常的声响。

e. 实验完毕,按实验台停止按钮,切断实验线路三相交流电源。

② 采用 380 V 三相交流电源。

调节调压器输出,使输出线电压为 220 V;按图 1.13.5 接线,将电动机定子绕组接成△接法,重复(1)中各项内容,并进行记录。

(5)三相鼠笼式异步电动机的反转。

电路如图 1.13.6 所示,按实验台启动按钮,启动电动机,观察启动电流及电动机旋转方向是否反转。

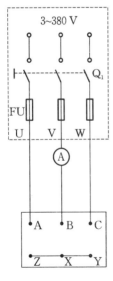
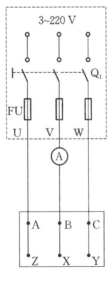
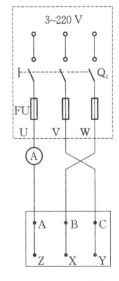

图 1.13.4　Y 接法　　　图 1.13.5　△接法　　　图 1.13.6　反转

实验完毕,将自耦调压器调回零位,按实验台停止按钮,切断实验线路三相交流电源。

五、实验注意事项

(1)本实验系强电实验,接线前(包括改接线路)、实验后都必须断开实验线路的电源,特别是改接线路和拆线时必须遵守"先断电,后拆线"的原则。电动机在运转时,电压和转速均很高,切勿触碰导电和转动部分,以免发生人身和设备事故。为了确保安全,学生应穿绝缘鞋进入实验室。接线或改接线路必须经指导老师检查无误后方可进行后续实验。

(2)启动电流持续时间很短,且只能在接通电源的瞬间读取电流表指针偏转的最大读数(因指针偏转的惯性,此读数与实际的启动电流数据略有误差),如错过这一瞬间,则须将电动机停止,待停稳后重新启动,读取数据。

(3)电动机单相(即缺相)运行时间不能太长,以免过大的电流导致电动机的损坏。

六、实验报告

(1)总结三相鼠笼式异步电动机绝缘性能的检查结果,判断该电动机是否完好可用。
(2)对三相鼠笼式异步电动机的启动、反转及各种故障情况进行分析。

◀ 实验 1.14　三相鼠笼式异步电动机的点动和自锁控制 ▶

一、实验目的

（1）通过对三相鼠笼式异步电动机的点动控制和自锁控制线路的实际安装接线，掌握由电气原理图变换成安装接线图的知识。

（2）通过实验进一步加深理解点动控制和自锁控制的特点。

二、实验原理

（1）继电器-接触器控制在各类生产机械中获得广泛的应用，凡是需要进行前后、上下、左右、进退等运动的生产机械，均采用传统的典型的正反转继电器-接触器控制。

交流电动机继电器-接触器控制的主要设备是交流接触器，其主要构造如下。

① 电磁系统——铁芯、吸引线圈和短路环。

② 触头系统——主触头和辅助触头，还可按吸引线圈得电前后触头的动作状态，分动合（常开）、动断（常闭）两类。

③ 消弧系统——在主触头上装有灭弧罩，以迅速切断电弧。

④ 接线端子、反作用弹簧等。

（2）在控制回路中常采用接触器的辅助触头来实现自锁和互锁控制。要求接触器线圈得电后能自动保持动作后的状态，这就是自锁，通常用接触器自身的动合触头与启动按钮相并联来实现，以达到电动机的长期运行，这一动合触头称为自锁触头。使两个电器不能同时得电动作的控制，称为互锁控制，如为了避免正反转两个接触器同时得电而造成三相电源短路事故，必须增设互锁控制环节。为了操作方便，也为了防止因接触器主触头长期大电流的烧蚀而偶发触头粘连后造成的三相电源短路事故，通常在具有正反转控制的线路中采用既有接触器的动断辅助触头的电气互锁，又有复合按钮机械互锁的双重互锁的控制环节。

（3）控制按钮通常用以短时通断小电流的控制回路，以实现近、远距离控制电动机等执行部件的启停或正反转控制。按钮专供人工操作使用。对于动合按钮，其触点的动作规律是：当按下时，其动断触头先断，动合触头后合；当松手时，动合触头先断，动断触头后合。

（4）在电动机运行过程中，应对可能出现的故障进行保护。

采用熔断器实现短路保护，当电动机或电器发生短路时，及时熔断熔体，达到保护线路、保护电源的目的。熔体熔断时间与流过的电流的关系称为熔断器的保护特性，这是选择熔体的主要依据。

采用热继电器实现过载保护，使电动机免受长期过载的危害。其主要的技术指标是整定电流值，即电流超过此值的 20% 时，其动断触头应能在一定时间内断开，切断控制回路，动作后只能由人工进行复位。

（5）在电气控制线路中，最常见的故障发生在接触器上。接触器线圈的电压等级通常有 220 V 和 380 V 等，使用时必须认清，切勿疏忽，否则电压过高易烧坏线圈，电压过低，吸力不够，不宜吸合或吸合频繁，这不但会产生很大的噪声，也因磁路气隙增大，致使电流过大,易烧坏线圈。此外,在接触器铁芯的部分端面嵌装有短路铜环,其作用是使铁芯吸合牢靠,消除颤动与噪声,若发现短路环脱落或断裂现象,接触器将会产生很大的振动与噪声。

三、实验设备与器件

本实验所需设备与器件如表 1.14.1 所示。

表 1.14.1 实验 1.14 所需设备与器件

序 号	名 称	型号与规格	数 量
1	三相交流电源	380 V	1 个
2	三相鼠笼式异步电动机	YS6314	1 台
3	交流接触器	CJ20-10	1 个
4	按钮	/	2 个
5	热继电器	JR36-20	1 个
6	交流电流表	/	1 个
7	万用表	/	1 个
8	专用测试导线	/	若干

四、实验内容

认识各电气元件的结构、图形符号、接线方法,抄录电动机及各电气元件的铭牌信息,并用万用表欧姆挡检查各电器线圈、触头是否完好。

将三相鼠笼式异步电动机做△连接;实验线路电源端接三相自耦调压器输出端 U、V、W,供电线电压为 220 V。

1. 三相鼠笼式电动机的点动控制

按图 1.14.1 点动控制线路进行安装接线。接线时,先接主电路,它是从 220 V 三相交流电源的输出端 U、V、W 开始,经接触器 KM 的主触头,热继电器 FR 的热元件到电动机 M 的三个线端 A、B、C 的电路,用导线按顺序串联起来。主电路连接完整无误后,再连接控制电路,它是从 220 V 三相交流电源某输出端(如 V)开始,经过常开按钮 SB1、接触器 KM 的线圈、热继电器 FR 的常闭触头到三相交流电源另一输出端(如 W)。显然它是对接触器 KM 线圈供电的电路。

接好线路,经指导老师检查无误后,方可进行通电操作。

(1) 开启实验台电源总开关,按实验台启动按钮,调节调压器输出,使输出线电压为 220 V。

(2) 按启动按钮 SB1,对电动机 M 进行点动操作,比较按下 SB1 与松开 SB1 电动机和接触器的运行情况。

(3) 实验完毕,按实验台停止按钮,切断实验线路三相交流电源。

2. 三相鼠笼式异步电动机的自锁控制

按图 1.14.2 自锁控制线路进行接线,它与图 1.14.1 的不同在于控制电路中多串联一个常闭按钮 SB2,同时在 SB1 上并联 1 个接触器 KM 的常开触头,起自锁作用。

接好线路,经指导老师检查无误后,方可进行通电操作。

(1) 按实验台启动按钮,接通 220 V 三相交流电源。

(2) 按启动按钮 SB1,松手后观察电动机 M 是否继续运转。

(3) 按停止按钮 SB2,松手后观察电动机 M 是否继续运转。

(4) 按停止按钮,切断实验线路三相交流电源,拆除控制电路中自锁触头 KM,再接通三相交流电源,启动电动机,观察电动机及接触器的运转情况,从而验证自锁触头的作用。

实验完毕,将自耦调压器调回零位,按实验台停止按钮,切断实验线路三相交流电源。

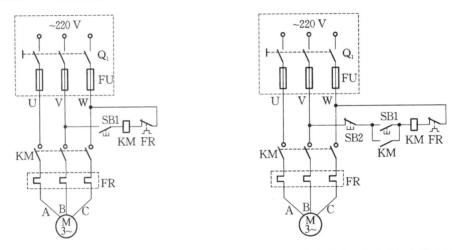

图 1.14.1 三相鼠笼式异步电动机点动控制线路   图 1.14.2 三相鼠笼式异步电动机自锁控制线路

五、实验注意事项

(1) 接线时合理安排挂箱位置,接线要求牢靠、整齐、清楚、安全可靠。

(2) 操作时要胆大、心细、谨慎,不许用手触及各电气元件的导电部分及电动机的转动部分,以免触电或意外损伤。

(3) 观察电气元件的动作情况时,必须在断电情况下小心地打开挂箱面板,然后接通电源操作并观察。

◀ 实验 1.15 三相鼠笼式异步电动机正反转控制 ▶

一、实验目的

(1) 通过对三相鼠笼式异步电动机正反转控制线路的安装接线,掌握由电气原理图接成实际操作电路的方法。

(2) 加深对电气控制系统各种保护、自锁、互锁等环节的理解。

(3) 学会分析、排除继电器-接触器控制线路故障的方法。

二、实验原理

在三相鼠笼式异步电动机正反转控制线路中,通过相序的更换来改变电动机的旋转方向。本实验给出两种不同的正反转控制线路,如图 1.15.1、图 1.15.2 所示。

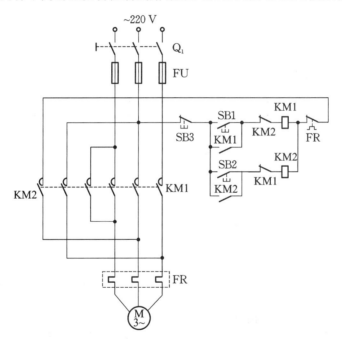

图 1.15.1 接触器联锁的三相鼠笼式异步电动正反转控制线路

(1) 电气互锁。

为了避免接触器 KM1(正转)、KM2(反转)同时得电吸合造成三相交流电源短路,在 KM1(KM2)线圈支路中串接有 KM2(KM1)动断触头,它们保证了线路工作时 KM1、KM2 不会同时得电(见图 1.15.1),以达到电气互锁目的。

(2) 电气和机械双重互锁。

除电气互锁外,可采用复合按钮 SB1 与 SB2 组成的机械互锁环节(见图 1.15.2),以求线路工作更加可靠。

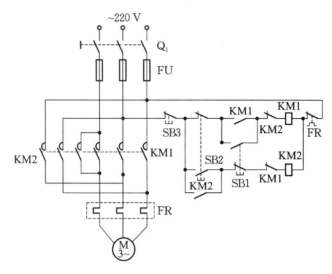

图 1.15.2　接触器和按钮双重联锁的三相鼠笼式异步电动机正反转控制线路

（3）这两种正反转控制线路具有短路、过载、失压、欠压等保护功能。

三、实验设备与器件

本实验所需设备与器件如表 1.15.1 所示。

表 1.15.1　实验 1.15 所需设备与器件

序　号	名　　称	型号与规格	数　量
1	三相交流电源	220 V	1 个
2	三相鼠笼式异步电动机	/	1 台
3	交流接触器	JR20-10	2 个
4	按钮	/	3 个
5	热继电器	JR36-20	1 个
6	交流电压表	/	1 个
7	万用表	/	1 个
8	专用测试导线	/	若干

四、实验内容

认识各电气元件的结构、图形符号、接线方法，抄录电动机及各电气元件的铭牌信息，并用万用表欧姆挡检查各电气元件的线圈、触头是否完好。

三相鼠笼式异步电动机做△连接；实验线路电源端接三相自耦调压器输出端 U、V、W，供电线电压为 220 V。

1. 接触器联锁的三相鼠笼式异步电动机正反转控制线路

按图 1.15.1 接线，经指导老师检查无误后，方可进行通电操作。

（1）开启实验台电源总开关，按实验台启动按钮，调节调压器输出，使输出线电压为220 V。

（2）按正向启动按钮 SB1，观察并记录电动机的转向和接触器的动作情况。

（3）按反向启动按钮 SB2，观察并记录电动机的转向和接触器的动作情况。

（4）按停止按钮 SB3，观察并记录电动机的转向和接触器的动作情况。

（5）按反向启动按钮 SB2，观察并记录电动机的转向和接触器的动作情况。

（6）实验完毕，按实验台停止按钮，切断三相交流电源。

2. 接触器和按钮双重联锁的三相鼠笼式异步电动机正反转控制线路

按图 1.15.2 接线，经指导老师检查无误后，方可进行通电操作。

（1）按实验台启动按钮，接通 220 V 三相交流电源。

（2）按正向启动按钮 SB1，电动机正向启动，观察并记录电动机和接触器的动作情况。按停止按钮 SB3，使电动机停转。

（3）按反向启动按钮 SB2，电动机反向启动，观察并记录电动机和接触器的动作情况。按停止按钮 SB3，使电动机停转。

（4）按正向（或反向）启动按钮，电动机启动后，再去按反向（或正向）启动按钮，观察有何情况发生。

（5）电动机停稳后，同时按正、反向两个启动按钮，观察有何情况发生。

（6）失压与欠压保护。

① 按启动按钮 SB1（或 SB2），电动机启动后，按实验台停止按钮，切断实验线路三相交流电源。

模拟电动机失压（或零压）状态，观察电动机与接触器的动作情况，随后再按实验台上的启动按钮，接通三相交流电源，但不按 SB1（或 SB2），观察电动机能否自行启动。

② 重新启动电动机后，逐渐减小三相自耦调压器的输出电压，直至接触器释放，观察电动机是否自行停转。

（7）过载保护。

打开热继电器的后盖，当电动机启动后，人为地拨动双金属片，模拟电动机过载情况，观察电动机和接触器的动作情况。

注意：此项内容较难操作且危险，有条件可由指导老师示范操作。

实验完毕，将三相自耦调压器调回零位，按实验台停止按钮，切断实验线路电源。

3. 故障分析

（1）接通电源后，按启动按钮（SB1 或 SB2），接触器吸合，但电动机不转且发出"嗡嗡"声响，或电动机虽能启动，但转速很慢。这种故障来自主电路，大多是由一相断线或电源缺相所致。

（2）接通电源后，按启动按钮（SB1 或 SB2），接触器通断频繁且发出连续地噼啪声，或吸合不牢，发出颤动声，此类故障的原因可能是：

① 线路接错，将接触器线圈与自身的动断触头串在一条回路上了；

② 自锁触头接触不良，时通时断；

③ 接触器铁芯上的短路环脱落或断裂；

④ 电源电压过低或接触器线圈电压等级不匹配。

实验 1.16 三相鼠笼式异步电动机 Y-△降压启动控制

一、实验目的

(1) 进一步提高按图接线的能力。

(2) 了解时间继电器的结构、使用方法、延时时间的调整及在控制系统中的应用。

(3) 熟悉三相鼠笼式异步电动机 Y-△降压启动控制的运行情况和操作方法。

二、实验原理

(1) 按时间原则控制电路的特点是各个动作之间有一定时间间隔,使用的元件主要是时间继电器。

时间继电器的种类通常有电磁式、电动式、空气式、和电子式等。它的基本功能可分为两类,即通电延时和断电延时。有些时间继电器还具有瞬时动作式的触头。

时间继电器的延时时间通常可在 0.4～80 s 范围内调节。

(2) 按时间原则控制三相鼠笼式异步电动机 Y-△自动降压启动控制线路如图 1.16.1 所示。

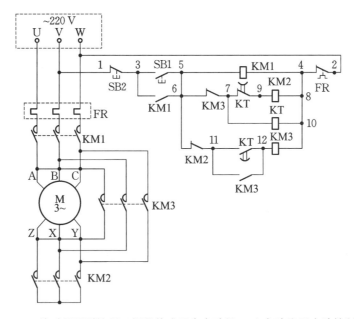

图 1.16.1 按时间原则控制三相鼠笼式异步电动机 Y-△自动降压启动控制线路

从主电路看,当接触器主触头 KM1、KM2(KM3)闭合,而 KM3(KM2)断开时,电动机三相对称定子绕组做 Y(△)连接。因此,控制线路先使 KM1 和 KM2 得电闭合(Y 接法),后经一定的延时,使 KM2 失电断开,而后使 KM3 得电闭合(△接法),电动机实现降压启动后自动转换到正常工作状态运转。图 1.16.1 所示的控制线路能满足上述要求。

该控制线路具有以下特点。

① 接触器 KM3 与 KM2 通过动断触头 KM3(5-7)与 KM2(5-11)实现电气互锁,保证

KM3 与 KM2 不会同时得电,以防止三相交流电源的短路事故发生。

② 依靠时间继电器 KT 延时动合触头(11-12)的延时闭合作用,保证在按下 SB1 后,使 KM2 先得电,并依靠 KT(7-9)先断,KT(11-12)后合的动作次序,保证 KM2 先断,而后再自动接通 KM3,也避免了换接时电源可能发生的短路事故。

③ 本控制线路正常运行(△接法)时,接触器 KM2 及时间继电器 KT 均处于断电状态。

④ 由于试验装置提供的三相鼠笼式异步电动机每相绕组额定电压为 220 V,而 Y/△换接启动的使用条件是正常条件运行时电动机必须做△连接,故实验时,应将三相自耦调压器输出端(U、V、W)电压调至 220 V。

三、实验设备与器件

本实验所需设备与器件如表 1.16.1 所示。

表 1.16.1　实验 1.16 所需设备与器件

序　　号	名　　　称	型号与规格	数　　量
1	三相交流电源	380 V	1 个
2	三相鼠笼式异步电动机	/	1 台
3	交流接触器	CJ10-10	2 个
4	时间继电器	/	3 个
5	按钮	JS7-1A	1 个
6	热继电器	/	1 个
7	万用表	/	1 个
8	专用测试导线	/	若干

四、实验内容

1. 时间继电器控制三相鼠笼式异步电动机 Y-△自动降压启动控制线路

观察空气阻尼式时间继电器的结构,认清电磁线圈和延时动合、动断触头的接线端子。用手推动时间继电器衔铁模拟继电器通电吸合动作,用万用表欧姆挡测量触头的通与断,以此来大致判断触头延时动作的时间。通过调节进气孔螺钉,即可整定所需的延时时间。

实验线路电源端接三相自耦调压器输出端(U、V、W),供电线电压为 220 V。

(1) 按图 1.16.1 接线,先接主电路后接控制电路,要求按图示的接点编号从左到右、从上到下逐行连接。

(2) 在不通电的情况下,用万用表欧姆挡检查线路连接是否正确,特别注意检查 KM2 与 KM3 两个互锁触头是否正确接入。

(3) 开启实验台电源总开关,按实验台启动按钮,接通 220 V 三相交流电源。

(4) 按启动按钮 SB1,观察电动机的整个启动过程及各电气元件的动作情况,记录 Y-△换接所需时间。

(5) 按停止按钮 SB2,观察电动机的运转及各电气元件的动作情况。

（6）调整时间继电器的整定时间,观察接触器 KM2、KM3 的动作时间是否相应地改变。

（7）实验完毕,按实验台停止按钮,切断实验线路电源。

2. 接触器控制三相鼠笼式异步电动机 Y-△启动控制线路

（1）按图 1.16.2 接线,经指导老师检查无误后,方可进行通电操作。

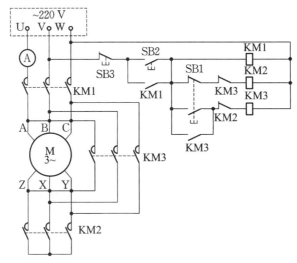

图 1.16.2　接触器控制三相鼠笼式异步电动机 Y-△降压启动控制线路

（2）按实验台启动按钮,接通 220 V 三相交流电源。

（3）按下按钮 SB2,电动机以 Y 接法启动,注意观察启动时,电流表最大读数 I_Y = _____ A。

（4）待电动机转速接近正常转速时,按下启动按钮 SB1,使电动机以△接法正常运行。

（5）按停止按钮 SB3,电动机断电停止运行。

（6）先按按钮 SB1,再按按钮 SB2,观察电动机以△接法直接启动时的电流最大读数 $I_\triangle$ = _____ A。

（7）实验完毕,将三相自耦调压器调回零位,按实验台停止按钮,切断实验线路电源。

3. 手动控制三相鼠笼式异步电动机 Y-△降压启动控制线路

（1）按图 1.16.3 接线,经指导老师检查无误后,方可进行通电操作。

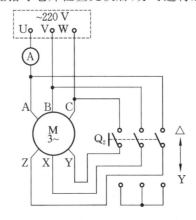

图 1.16.3　手动控制三相鼠笼式异步电动机 Y-△降压启动控制线路

（2）开关 Q_2 合向上方,使电动机做△连接。

（3）按实验台启动按钮,接通 220 V 三相交流电源,观察电动机以△接法直接启动时,电流表最大读数 $I_\triangle =$ _____ A。

（4）按实验台停止按钮,切断三相交流电源,待电动机停稳后,开关 Q_2 合向下方,使电动机做 Y 连接。

（5）按实验台启动按钮,接通 220 V 三相交流电源,观察电动机以 Y 接法直接启动时,电流表最大读数 $I_Y =$ _____ A。

（6）按实验台停止按钮,切断三相交流电源,待电动机停稳后,操作开关 Q_2,使电动机做 Y-△降压启动。

① 先将 Q_2 合向下方,使电动机做 Y 连接,按实验台启动按钮,记录电流表最大读数 $I_Y =$ _____ A。

② 待电动机接近正常运转时,将 Q_2 合向上方,使电动机做△连接,进入正常运行状态。

（7）实验完毕,按实验台停止按钮,切断实验线路电源。

五、实验注意事项

（1）注意安全,严禁带电操作。

（2）只有在断电的情况下,方可用万用表欧姆挡来检查线路的接线正确与否。

实验1.17 三相鼠笼式异步电动机的能耗制动控制

一、实验目的

（1）通过实验进一步理解三相鼠笼式异步电动机的能耗制动控制。
（2）增强实际连接控制电路的能力和操作能力。

二、实验原理

（1）三相鼠笼式异步电动机实现能耗制动的方法是：在三相对称定子绕组断开三相交流电源后，在两相定子绕组中通入直流电，以建立一个恒定的磁场，转子的惯性转动切割这个恒定磁场而产生感应电流，此电流与恒定磁场作用，产生制动转矩，使电动机迅速停车。

（2）在自动控制系统中，通常采用时间继电器按时间原则进行制动过程的控制。可根据所需的制动停车时间调整时延，以使电动机刚一制动停车，就使接触器释放，切断直流电源。

（3）能耗制动过程的强弱与进程，与通入的直流电流的大小和电动机的转速大小有关，电流越大，制动作用就越强烈。一般直流电流取为空载的3～5倍为宜，通常可通过调节制动电阻 R_T 的大小来调节通入的直流电流。

三、实验设备与器件

本实验所需设备与器件如表1.17.1所示。

表1.17.1 实验1.17所需设备与器件

序 号	名 称	型号与规格	数 量
1	三相交流电源	380 V	1个
2	三相鼠笼式异步电动机	YS6314	1台
3	交流接触器	CJ20-10	2个
4	时间继电器	JS7	1个
5	制动电阻	150 Ω	1个
6	按钮	/	1个
7	万用表	/	1个
8	专用测试导线	/	若干

四、实验内容

（1）三相鼠笼式异步电动机做△连接；实验线路电源端接三相自耦调压器输出端（U、V、W），供电线电压为220 V。

初步整定时间继电器的时延，可先设置得大一些（5～10 s）。

调节制动电阻 R_T（串联或并联），可先设置得大一些，如取 $R_T = 100\ \Omega$。

（2）开启实验台电源总开关，按实验台启动按钮；调节调压器输出，使输出线电压为 220 V，按停止按钮，切断三相交流电源。

（3）按图 1.17.1 接线，并用万用表检查线路连接是否正确。

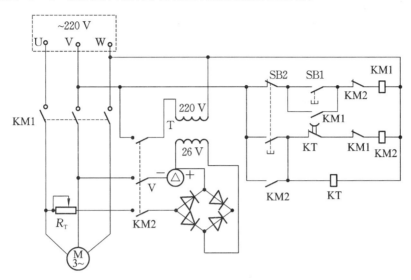

图 1.17.1　三相鼠笼式异步电动机能耗制动控制线路

（4）自由停车操作。

先断开整流电源（如拔去接在 V 相上的整流电源线），按 SB1，使电动机启动运转，待电动机运转稳定后，按 SB2，用秒表记录电动机自由停车时间。

（5）制动停车操作。

① 接上整流电源（即插回接通 V 相的整流电源线）。

② 按 SB1，使电动机启动运转，待运转稳定后，按 SB2，观察并记录电动机从按下 SB2 至停止运转的能耗制动时间 t_z 及时间继电器延时释放时间 T_F，一般应使 $T_F > t_z$。

③ 重新整定时间继电器的时延，以使 $T_F = t_z$，电动机一旦停转便自动切断直流电源。

④ 增大或减小 R_T，观察并记录电动机能耗制动时间 t_z。

五、实验注意事项

（1）每次调整时间继电器的时延，必须在断开三相交流电源后进行，严禁带电操作。

（2）接好线路后必须经过严格检查，绝不允许同时接通交流和直流两组电源，即不允许 KM1、KM2 同时得电。

六、实验报告

（1）归纳总结实验现象和结果。

（2）心得体会及其他。

第 2 部分

模拟电子技术实验

◀ 实验 2.1　单级共射放大电路 ▶

一、实验目的

(1) 掌握单级共射放大电路静态工作点 Q 的测量和调整方法。

(2) 掌握单级共射放大电路电压放大倍数的测量。

(3) 掌握单级共射放大电路的输入电阻和输出电阻的测量。

(4) 掌握基极偏置电阻的改变对 Q 点的影响。

二、实验原理

(1) 单级共射放大电路如图 2.1.1 所示,它为分压式电流负反馈偏置电路。

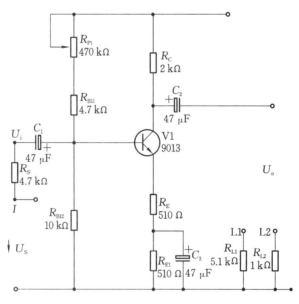

图 2.1.1　单级共射放大电路

V1(9013):NPN 型硅三极管,其作用是放大交流信号。

$R_{b1}(R_{B11}+R_{P1})$、R_{B12}:放大电路基极偏置电阻,改变 R_{b1} 可改变基极电流,即可调节 Q 点的位置。

R_C:放大电路集电极电阻。

R_{E1}、R_E：射极负反馈电阻，其中 R_E 为交直流负反馈电阻。

C_3：R_{E1} 的交流旁路电容；

C_1、C_2：隔直流通交流的耦合电容；

R_{L1}、R_{L2}：负载电阻；

R_S：输入信号衰减电阻，以防信号过大而失真。

（2）单级共射放大器的工作原理。

① 放大电路静态工作点即 Q 点的求法是：先将电路中所有电容视为开路，画出放大电路的直流通路，如图 2.1.2 所示。

求 Q 点：

$$U_{BQ} \rightarrow U_{EQ} \rightarrow I_{EQ} \rightarrow I_{BQ} \rightarrow U_{CEQ}$$

$$U_{BQ} = U_{CC} \times \frac{R_{B12}}{R_{b1} + R_{B12}}$$

$$U_{EQ} = U_{BQ} - U_{BEQ}(= 0.7 \text{ V})$$

$$I_E = \frac{U_{EQ}}{R_E + R_{E1}}$$

$$I_{EQ} = I_{BQ} + I_{CQ}$$

$$I_{BQ} = \frac{I_{EQ}}{1 + \beta}$$

$$U_{CEQ} = U_{CC} - I_C(R_C + R_E + R_{E1})$$

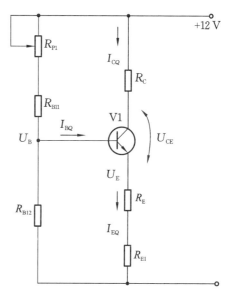

图 2.1.2 单级共射放大电路的直流通路

求出 I_{BQ}、I_{EQ}、U_{CEQ} 以后，可以从三极管输出特性曲线的直流负载线上找到 Q 点的位置，如图 2.1.3 所示。由图 2.1.3 可见，Q 点的位置基本上位于直流负载线的中点是比较合适的。改变基极偏置电阻中的电位器 R_{P1}，就会改变 Q 点的位置。Q 点的位置升高，易使信号饱和失真；Q 点的位置降低，易使信号截止失真。所以调节基极上的偏置电位器，可以将点 Q 调节到合适的位置。当然改变 U_{CC}、R_C 也能改变 Q 点的位置，通常 U_{CC}、R_C 相对固定，改变 R_{b1} 最为方便。

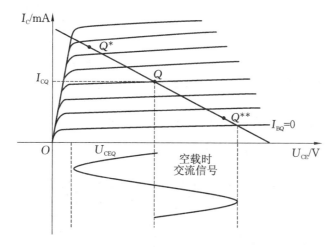

图 2.1.3 Q 点位置不失真示意图

② 画出交流通路,求出放大电路的电压放大倍数(A_U)、输入电阻(R_i)、输出电阻(R_o)。

画交流通路的方法是:将放大电路中所有的耦合电容、旁路电容视为短路;将 U_{CC} 视为接地。单级共射放大电路的交流通路如图 2.1.4 所示,微变等效电路如图 2.1.5 所示。

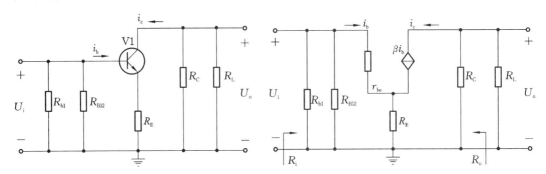

图 2.1.4 单级共射放大电路的交流通路图　　图 2.1.5 单级共射放大电路的微变等效电路

放大电路的输入电阻计算公式为

$$R_i = R_{b1} // R_{B12} // [r_{be} + (1+\beta)R_e] \approx r_{be} + (1+\beta)R_e$$

放大电路的电压放大倍数计算公式为

$$A_U = \frac{U_o}{U_i} = \frac{-i_c R_L^*}{i_b [r_{be} + (1+\beta)R_e]} = -\beta \frac{R_L^*}{r_{be} + (1+\beta)R_e}$$

其中,$R_L^* = R_C // R_L$。

放大电路的输出电阻计算公式为

$$R_o = R_C$$

三、实验设备与器件

(1) 电工电子实验装置。

(2) 数字万用表或毫伏表。

(3) 双踪示波器。

四、实验内容

1. 连接电路

(1) 在实验板上按照图 2.1.1 正确组合、连接电路,将 R_{P1} 顺时针调节到电阻最大位置。

(2) 接好线后,仔细检查,确认无误后接通 +12 V 电源。

2. 静态调整

将输入端短路,调节 R_{P1},使①$U_{CE} = 11$ V,②$U_{CE} = 0.3$ V,③$U_{CE} = 6$ V,分别测量静态工作点 Q 直流参量 U_B、U_E、U_C、U_{CE},将测量数据记入表 2.1.1。

表 2.1.1 单级共射放大电路静态工作点的测量

R_{b1}	U_{CE}	U_B	U_E	U_C	三极管工作状态

3. 交流参数的测量

（1）电压放大倍数的测量。

① 在电路输入端输入 $f=1\ \text{kHz},U_\text{S}=80\ \text{mV}$ 的正弦信号，用双踪示波器探头接电路输入端，观测输入信号 U_i 的波形及幅度。

② 用双踪示波器探头接电路输出端，观测输出信号 U_o 的波形及幅度。

③ 观测双踪示波器上 U_i、U_o 的波形及幅度，将测量结果记入表 2.1.2 中。

表 2.1.2　单级共射放大电路电压放大倍数的测量实验数据记录及波形比较

项　　目	实　测　数　据	比较 U_i、U_o 的波形、相位及幅度
三极管基极电压 U_i/mV		
三极管集电极电压 U_o/mV		
电压放大倍数 A_U		

（2）测量放大电路的输入、输出电阻。

① 输入电阻 R_i 的测量。

电路如图 2.1.6 所示，用双踪示波器测出 U_S 及 U_i 大小，利用公式即可算出 R_i：

$$R_\text{i}=\frac{U_\text{i}}{I_\text{i}}=\frac{U_\text{i}}{\dfrac{U_\text{S}-U_\text{i}}{R_\text{S}}}$$

② 输出电阻 R_o 的测量。

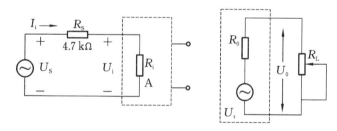

图 2.1.6　单级共射放大电路输入、输出电阻的测量

在图 2.1.6 中选 R_L 为 1 kΩ，使放大电路输出信号不失真。用双踪示波器监视放大电路集电极对地的波形，读出此时 U_L 的值，去掉 R_L 电阻后，又测出一个空载电压 U_0，则输出电阻为

$$R_\text{o}=\left(\frac{U_0}{U_\text{L}}-1\right)\times R_\text{L}$$

③ 将上述①、②测量的结果填入表 2.1.3 中。

表 2.1.3　单级共射放大电路输入电阻和输出电阻的测量实验数据记录表

实测输入电压		估算 R_i	实测输出电压		估算 R_o
U_S	U_i		U_L	U_0	

（3）观察 R_{b1} 的改变对静态工作点 Q 及对输出波形的影响。

① 调节基极偏置电阻，使输出波形最大而不失真（此时为放大状态），用毫伏表测出 U_B、U_E、U_C、U_{CE}，填入表 2.1.4 中，并记录此时输出的波形图。

② 调节基极偏置电阻，使 $U_{CE}=11$ V，增大 U_i，使输出波形顶部失真，测出 U_B、U_E、U_C，填入表 2.1.4 中，并记录此时输出的波形图，并指出是什么失真。

③ 调节基极偏置电阻，使 $U_{CE}=0.3$ V，增大 U_i，使输出波形底部失真，测出 U_B、U_E、U_C，填入表 2.1.4，并记录此时输出的波形图，并指出是什么失真。

表 2.1.4　单级共射放大电路基极偏置与输出波形

条件：R_L 开路	静态工作点 Q 点值				输 出 波 形	放大电路工作状态
	U_B/V	U_E/V	U_C/V	U_{CE}/V		
R_{b1} 适中						
R_{b1} 大						
R_{b1} 小						

五、实验报告

（1）用方格纸作图。

（2）为什么调节 R_{b1} 可改变 Q 点位置？Q 点太低、太高为何不行？

（3）如果 R_{b1} 开路，电路还能正常工作吗？为什么？

实验 2.2 两级阻容耦合放大电路

一、实验目的

（1）学会分析两级阻容耦合放大电路的原理图。

（2）掌握两级阻容耦合放大电路静态工作点的测量和调整方法。

（3）掌握两级阻容耦合放大电路电压放大倍数的测量方法。

（4）掌握两级阻容耦合放大电路输入电阻（R_i）、输出电阻（R_o）的测量方法。

二、实验原理

1. 原理图

两级阻容耦合放大电路如图 2.2.1 所示。

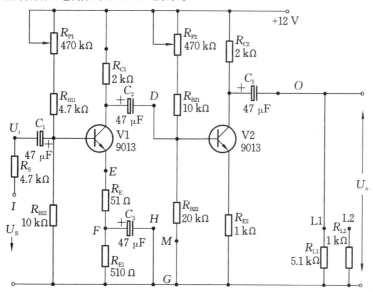

图 2.2.1 两级阻容耦合放大电路

各元器件的作用如下。

（1）V1、V2：NPN 型三极管，放大信号。

（2）R_S：输入信号衰减。

（3）C_1、C_2、C_5：耦合电容，隔直流通交流。

（4）R_{P1}、R_{B11}、R_{B12}、R_{P2}、R_{B21}、R_{B22}：三极管的偏置电阻，其中 R_{P1}、R_{P2} 用于调节 Q 点。

（5）R_{C1}、R_{C2}：三极管的集电极电阻。

（6）R_E、R_{E1}、R_{E2}：射极负反馈电阻，其中 R_E 为交直流负反馈电阻。

（7）C_3：R_{E1} 的旁路电容。

（8）R_{L1}、R_{L2}：负载电阻。

2．工作原理

（1）放大器静态工作点 Q 的求法。

由于两级阻容耦合放大器是阻容耦合，电容隔直流，所以两级 Q 点相互独立，与单级放大器静态工作点 Q 的测量与调整方法一样。放大器应工作在放大区，选 $U_{CE}=6$ V。

① 第一级放大器静态工作点 Q_1 的求法。

$$I_{EQ1}=(1+\beta)I_{BQ1}；\quad U_{CC}=U_{RC1}+U_{CEQ1}+U_{E1}；\quad U_{E1}=I_{EQ1}(R_E+R_{E1})$$

② 第二级放大器静态工作点 Q_2 的求法。

$$I_{EQ2}=(1+\beta)I_{BQ2}；\quad U_{CC}=U_{RC2}+U_{CEQ2}+U_{E2}；\quad U_{E2}=I_{EQ2}R_{E1}$$

（2）各交流参数的计算。

① 电压放大倍数的求法。

增益：

$$A_{U_1}=\frac{U_o}{U_i}=\frac{-I_cR_L^*}{I_b[r_{be}+(1+\beta)R_e]}=-\beta_1\frac{R_L^*}{r_{be}+(1+\beta)R_e}$$

$$R_L^*=R_{C1}//R_{i2}$$

$$R_{i2}=R_{b21}//R_{b22}//[r_{be2}+(1+\beta_2)R_{E2}]$$

$$R_{b21}=R_{P2}+R_{B21}$$

$$R_{b22}=R_{B22}$$

$$A_{U_2}=\frac{-\beta_2R_{L2}^*}{R_{i2}}$$

$$R_{L2}=R_{C2}//R_L$$

$$A_{U总}=A_{U_1}\times A_{U_2}$$

② 输入电阻：

$$R_{i总}=R_{b1}//R_{b2}//[r_{be}+(1+\beta_1)R_e]\approx r_{be}+(1+\beta_1)R_e$$

③ 输出电阻：

$$R_{o总}=R_{o2}=R_{C2}$$

三、实验设备与器件

（1）电工电子实验装置。

（2）数字万用表或毫伏表。

（3）双踪示波器。

四、实验内容

1．电路连接

按照图 2.2.1 连接好电路，仔细检查，确认无误后方可接通 +12 V 电源。

2．测定两级阻容耦合放大器的静态工作点 Q

① 由于两级放大器是阻容耦合，电容隔直流，所以两级 Q 点相互独立，与单级放大器静态工作点 Q 的测量与调整方法一样，应断开交流输入信号。

② 用毫伏表直流挡先测量 V1 的集电极 C 对发射极 E 的电压，调节 R_{P1}，使 $U_{CE1}=6$ V，然后测量 U_{B1}、U_{C1}、U_{E1}，填入表 2.2.1 中。同理，用毫伏表直流挡测量 V2 的集电极 C 对发射

极 E 的电压,调节 R_{P2},使 $U_{CE2} = 4.5\ V$,然后测量 U_{B2}、U_{C2}、U_{E2},填入表 2.2.1 中。

表 2.2.1 两级放大器的静态工作点 Q

静态工作点							
第一级				第二级			
U_{B1}	U_{C1}	U_{E1}	U_{CE1}	U_{B2}	U_{C2}	U_{E2}	U_{CE2}
			6 V				4.5 V

3. 交流参数的测量

(1) 两级电压放大倍数的测量。

① 在输入端 I 处输入频率为 1 kHz、幅值为 300 mV_{P-P} 的正弦波,并用示波器 CH1 探头监视输入信号为 300 mV_{P-P}。

② 用示波器 CH2 探头测 V1 的集电极,测出 U_{o1} 峰峰值,并比较 U_i、U_{o1} 的相位,填入表 2.2.2 中。

③ 用示波器 CH2 探头测 V2 的集电极,测出 U_{o2} 峰峰值,并比较 U_i、U_{o2} 的相位,填入表 2.2.2 中。

表 2.2.2 两级阻容耦合放大器的幅值与相位关系

项　　目	输入信号 U_i	第一级输出信号 U_{o1}	第二级输出信号 U_{o2}
波形及幅值			
电压放大倍数	$A_{U_1} =$	$A_{U2} =$	$A_{U总} =$

(2) 如图 2.2.2 所示,测量两级阻容耦合放大器的输入电阻 $R_{i总}$ 和输出电阻 $R_{o总}$。

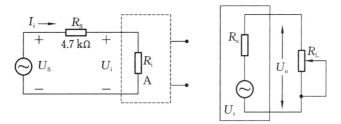

图 2.2.2 输入电阻、输出电阻的测量

① 输入电阻 $R_{i总}$ 的测量:用毫伏表测量放大器 U_s 端,测得 U_s;在 R_s 的右端再测一个电压 U_i,并填入表 2.2.3 中,则 $R_i = U_i / [(U_s - U_i)/R_s]$,将测量数据填入表 2.2.3 中。

② 输出电阻 $R_{o总}$ 的测量:在输出端去掉负载电阻 R_{L1},接电阻 1 kΩ 作为负载电阻。调节输入信号使输出最大而不失真(用示波器监视),测出此时的输出电压 U_L 值,并填入表 2.2.3 中;去掉该负载电阻,测出空载时 U_o,填入表 2.2.3 中,则 $R_o = (U_o/U_L - 1)R_L$。

表 2.2.3 两级阻容耦合放大器输入电阻、输出电阻

测输入电阻 R_i			测输出电阻 R_o		
U_s	U_i	R_i	U_L	U_o	R_o

（3）两级阻容耦合放大器的频率特性。

① 断开负载电阻 $5.1\ \text{k}\Omega$，将输入信号频率调到 $1\ \text{kHz}$，使信号输出幅度最大而不失真，用示波器监视。

② 用毫伏表测量 V2 集电极，读出此时输出信号的幅值读数，填入表 2.2.4 中。

③ 保持输入信号 U_i 幅值不变，改变信号频率，按照表 2.2.4 的要求测量并记录。

④ 接上负载 $R_{L2}(1\ \text{k}\Omega)$，重复上述实验。

表 2.2.4　两级阻容耦合放大器的频率特性

	f/Hz	
U_o	$R_L = \infty$	
	$R_L = 1\ \text{k}\Omega$	

五、实验报告要求

（1）通过两级阻容耦合放大器的实验，比较它与单级放大器有何不同。

（2）根据表 2.2.4 画出实验电路的幅频特性图，标出下限截止频率和上限截止频率，并标出通频带。用坐标纸画图。

（3）在图 2.2.1 中，R_{P1}、R_{P2} 发生短路或开路，电路会怎么样，为什么？

（4）如果 C_1、C_2、C_5 其中之一开路，电路会怎么样？

◀ 实验 2.3 射极输出器(共集电极放大电路) ▶

一、实验目的

(1) 掌握射极输出器(共集电极放大电路)的特点。

(2) 掌握射极输出器静态工作点 Q 的测量方法。

(3) 掌握射极输出器电压放大倍数的测量方法。

(4) 掌握射极输出器输入电阻、输出电阻的测量方法。

二、实验原理

1. 原理图

射极输出器如图 2.3.1 所示。

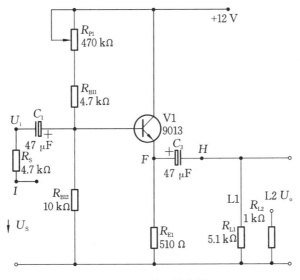

图 2.3.1 射极输出器

图中各元件的作用如下。

(1) V1:NPN 型三极管,其作用是放大交流信号(电流放大)。

(2) R_S:衰减输入信号,使射极输出器工作在动态范围内。

(3) C_1、C_3:耦合电容,隔直流通交流。

(4) R_{B11}、R_{B12}、R_{P1}:基极偏置电阻,决定射极输出器 Q 点。

(5) R_{E1}:射极交直流负反馈作用。

(6) R_{L1}、R_{L2}:负载电阻。

2. 工作原理

射极输出器实际上是以集电极为公共端的共集电极放大器,又是一种反馈很深的串联电压负反馈放大器,具有输入电阻高、输出电阻低、电压放大倍数接近 1 以及输出信号与输入信号同相位的特点。由于射极输出器的输出信号电压能够在较大范围内跟随输入信号电压做线性变化,具有良好的跟随性,故将射极输出器称作电压跟随器,用以在电路中起电流放大、阻抗变换及级间隔离作用。

静态工作点的求法如下。

画出直流通路。

设定 $U_E = 2\ V$,$I_{EQ} = 4\ mA$。

$$I_{BQ} = \frac{I_{EQ}}{1+\beta}, \quad U_{CC} = U_E + U_{CEQ}$$

$$A_U = \frac{U_o}{U_i} = \frac{I_e R_{e1} // R_L}{I_b [r_{be} + (1+\beta) R_{e1} // R_L]}$$

$$= \frac{(1+\beta) R_{e1} // R_L}{r_{be} + (1+\beta) R_{e1} // R_L}$$

$$R_i = R_{b1} // R_{B12} // [r_{be} + (1+\beta) R_{e1} // R_L], \quad R_{b1} = R_{B11} + R_{P1}$$

$$R_o = R_{e1} // [(R_{b1} // R_{B12} + r_{be})/(1+\beta)]$$

三、实验设备与器件

(1) 电工电子实验装置。

(2) 数字万用表或毫伏表。

(3) 双踪示波器。

四、实验内容

1. 电路连接

(1) 在实验板上按照图 2.3.1 连接电路。

(2) 接线后,仔细检查,确认无误后接通 +12 V 电源。

2. 静态工作点的测试

调节电位器 R_{P1},使 $U_E = 2\ V$,然后测量 U_B、U_C、U_{CE},填入表 2.3.1 中。

表 2.3.1 射极输出器 Q 点测量

R_{b1}	U_E	U_B	U_C	U_{CE}
	2 V			

3. 交流参数的测量

(1) 交流放大倍数的测量。

① 将频率为 1 kHz 的正弦波信号接入 I 处,调节输入信号幅度,使输出信号为 1 V_{P-P}。

② 用示波器 CH1 探头测量 V1 基极,用 CH2 探头测量 V1 发射极。

③ 观察两波形的幅度及相位,将相关数据填入表 2.3.2 中。

表 2.3.2 射极输出器相位比较

射极输出器工作状态	U_i 幅度及相位	U_o 幅度及相位
射极输出器处于放大状态		

（2）输入电阻 R_i 和输出电阻 R_o 的测量。

① 输入电阻 R_i 的测量：方法同实验 2.1，$R_i = \dfrac{U_i}{\dfrac{U_S - U_i}{R_S}}$。

② 输出电阻 R_o 的测量：方法同实验 2.1，$R_o = \left(\dfrac{U_o}{U_L} - 1\right) R_L$。

五、实验报告要求

（1）整理记录各测量数据并作图。

（2）若将输出点接到 V1 的集电极，会有输出波形吗？为什么？

（3）记录基极、射极交流信号相位波形。

◀ 实验 2.4 负反馈放大电路 ▶

一、实验目的

（1）理解负反馈放大电路的工作原理及电压串联负反馈对放大电路性能的影响。

（2）掌握负反馈放大器性能指标的测试方法。

二、实验原理

1. 原理图

电压串联负反馈放大电路如图 2.4.1 所示。

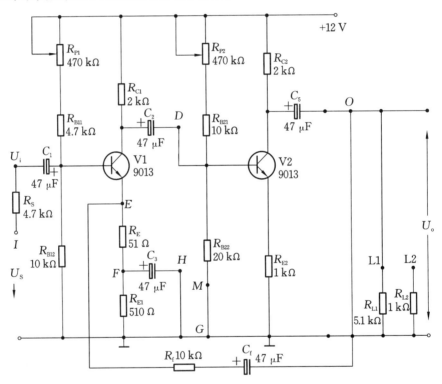

图 2.4.1 电压串联负反馈放大电路

各元器件的作用如下。

（1）V1、V2:起信号放大作用。

（2）R_S:输入信号衰减电阻,用以保证两级放大器信号不失真。

（3）R_{B11}、R_{B12}、R_{P1}:构成 V1 基极偏置电阻,R_{P1} 可调节 V1 管的静态工作点。

（4）R_{C1}:V1 集电极电阻。

（5）R_E:V1 射极交直流负反馈电阻。

（6）R_{E1}:直流负反馈电阻。

（7）C_3：R_{E1} 的旁路电容。

（8）C_1、C_2、C_5：耦合电容,隔直流通交流。

（9）R_{B21}、R_{B22}、R_{P2}：构成 V2 基极偏置电阻,R_{P2} 可调节 V2 管的静态工作点。

（10）R_{C2}：V2 集电极直流负载。

（11）R_{E2}：V2 射极交直流负反馈电阻。

（12）R_{L1}、R_{L2}：交流负载电阻。

（13）C_f、R_f：构成负反馈支路。

2. 工作原理

负反馈以牺牲电压增益为代价,但能为放大器带来许多优点:提高增益的稳定性;改变输入电阻、输出电阻的大小;扩展通频带;减小非线性失真。

负反馈共有四种类型,即电压串联负反馈、电压并联负反馈、电流串联负反馈和电流并联负反馈。电压负反馈主要是稳定输出电压,且降低输出电阻;电流负反馈主要是稳定输出电流,且提高输出电阻;串联负反馈是为了提高输入电阻;并联负反馈是为了降低输入电阻。采用哪种负反馈完全取决于需求,最常用的是电压串联负反馈。

（1）开环情况下各参数的求法。

反馈网络 F 代表 C_f、R_f 支路,该支路开路的话(称开环),整个图 2.4.1 便成为二级基本放大器 A。

① 静态工作点的求法:由于是二级阻容耦合放大器,三极管的 Q 点相互独立,同单级放大器一样计算各自的 Q 点。

V1 管的静态工作点求法:

$$U_{B1} \rightarrow U_{E1} \rightarrow I_{E1}$$

$$r_{be1} = 300 \ \Omega + 26 \ \text{mA} \cdot \frac{1+\beta}{I_{E1}}$$

V2 管的静态工作点求法:

$$U_{B2} \rightarrow U_{E2} \rightarrow I_{E2}$$

$$r_{be2} = 300 \ \Omega + 26 \ \text{mA} \cdot \frac{1+\beta}{I_{E2}}$$

② 开环情况(均指放大器工作在中频段)下交流各参数的求法。

$$A_{U1} = \frac{-\beta_1 R}{r_{be1} + (1+\beta_1) R_{E1}}$$

其中,
$$R = R_{C1} /\!/ R_{i2}$$

$$A_{U2} = \frac{-\beta_2 \cdot R}{r_{be2} + (1+\beta_2) R_{E2}}$$

其中,
$$R = R_{C2} /\!/ R_L$$

③ 输入电阻 $R_{i总}$ 的求法。

$$R_{i总} = R_{i1} = r_{be1} + (1+\beta_1) R_{e1}$$

④ 输出电阻 $R_{o总}$ 的求法。

$$R_{o总} = R_{o末} = R_{C2}$$

（2）闭环情况下各参数的求法。

当 C_f、R_f 支路接入电路(见图 2.4.1)时,称为闭环状态,此时各参数的求法如下。

① 闭环电压增益。

$$A_{Uf} = \frac{A_U}{1 + A_U F_U} \approx \frac{1}{F_U}（深度负反馈状态下）$$

其中，

$$F_U = \frac{R_{e1}}{R_f + R_{e1}}$$

② 闭环输入电阻。

$$R_{if} = R_i(1 + A_U F_U)$$

串联负反馈使输入电阻增大一个反馈深度$(1 + A_U F_U)$。

③ 闭环输出电阻。

$$R_{of} = \frac{R_o}{1 + A_U F_U}$$

电压负反馈使输出电阻减小一个反馈深度$(1 + A_U F_U)$。

三、实验设备与器件

(1) 电工电子电拖实验装置。

(2) 数字万用表或毫伏表。

(3) 双踪示波器。

四、实验内容

(1) 按照图 2.4.1 接线，检查接线，正确无误后，接通 +12 V 电源。

(2) 静态直流工作点测量。

分别测量 V1、V2 的 U_B、U_C、U_E，将测量结果填入表 2.4.1。

表 2.4.1　V1、V2 的静态工作点

晶体管电压	U_B	U_C	U_E	U_{CE}	工 作 状 态
V1				6 V	
V2				6 V	

(3) 交流参数的测量。

① 开环时，输出电压的测量。

断开反馈支路。

a. 从实验装置上输出频率为 1 kHz、幅值为 250 mV 的正弦波信号，将其接到输入端 I 处。

b. 用示波器测量 V2 的输出电压，即 O 点的输出电压，测出 U_o 的值，此时 U_o 为负反馈放大器开环输出电压；再去掉负载电阻，测出此时的值并填入表 2.4.2 中。

表 2.4.2　开环及闭环输出电压

测 量 条 件	R_L	U_i/mV	U_o/V	A_U
开环	$R_L = 5.1$ kΩ			
	$R_L = \infty$			
闭环	$R_L = 5.1$ kΩ			
	$R_L = \infty$			

② 闭环时,输出电压的测量。

将负反馈支路接入电路,构成电压串联负反馈,测量输出电压的 U_o 值,然后去掉负载电阻,再测出输出电压值,一并填入表 2.4.2 中。

(4)验证电压串联负反馈对输出电压稳定性的影响。

① 断开反馈支路,使支路开环,按表 2.4.3 中的要求分别改变负载电阻 R_L,测出输出电压值,将数据填入表 2.4.3 中。

② 接上反馈支路,使电路闭环,按表 2.4.3 中的要求分别改变负载电阻 R_L,测出输出电压值,将数据填入表 2.4.3 中,比较开环输出电压和闭环输出电压的变化。

表 2.4.3　电压串联负反馈对输出电压的影响

放　大　器	基本放大器(开环)				负反馈放大器(闭环)			
R_L	1 kΩ	5.1 kΩ	47 kΩ	∞	1 kΩ	5.1 kΩ	47 kΩ	∞
U_o								

(5)负反馈对失真的改善作用。

① 断开反馈支路,在开环情况下,增大输入电压 U_i 的幅值,直到使输出波形刚刚出现失真为止,读出此时输出电压的幅值。

② 接上反馈支路,观察此时输出电压的幅值;再调节 U_i 的幅值,使输出电压的幅值接近开环时的幅值,在表 2.4.4 中记录开环、闭环对应输入、输出电压的幅值。

表 2.4.4　开环、闭环输入、输出电压幅值及波形比较

基本放大器			闭环放大器		
R_L	U_i	U_o	R_L	U_i	U_o
5.1 kΩ			5.1 kΩ		

(6)放大器的频率特性。

① 将反馈支路断开,开环。调节 U_i 的幅值,使示波器上显示的输出信号波形最大而不失真,接 5.1 kΩ 负载电阻。

② 通过适当调整,保持好 U_i 的幅值不变;不断提高信号频率,使示波器上的输出信号下降到①时的幅值的 70.7%,记录此时的频率为上限截止频率(f_H);再不断降低频率,使示波器上的输出信号下降到①时的幅值的 70.7%,记录此时的频率为下限截止频率(f_L),填入表 2.4.5 中。

③ 将反馈支路接上,形成负反馈闭环状态,再重复上述实验,将数据填入表 2.4.5 中。

表 2.4.5　开环与闭环状态下的幅频特性

f/Hz	
开环 U_o	
闭环 U_{of}	

④ 根据表 2.4.5 画出放大器开环与闭环状态下的幅频特性,并指出开环时 f_L、f_H 的位置及闭环时 f_L、f_H 的位置。

五、实验报告要求

(1) 画出电路图,整理实验数据,计算测量结果。

(2) 通过本实验,你学会了什么?

(3) 负反馈放大器有哪些优点?说出四种负反馈类型的特点。

(4) 画出幅频特性曲线图。

◀ 实验 2.5 场效应管放大电路 ▶

一、实验目的

(1) 熟悉场效应管的基本特点。
(2) 掌握场效应管放大器性能指标测试方法。

二、实验原理

1. 场效应管的特点

场效应管输入电阻高,跨导 g_m 较小,受温度或核辐射等外界因素的影响较小,噪声一般比晶体管小,源极和栅极结构对称且可互换使用,耗尽型 MOS 管栅压可在正值或负值下工作,使用比较灵活方便。由于 MOS 管的氧化膜很薄,而输入电阻又很高,少量的感应电荷就会产生相当大的电压,导致绝缘层击穿,因此测量焊接 MOS 管或由 MOS 管构成的集成电路时,使用的仪器或烙铁要良好地接地。

2. 输出特性

场效应管输出特性曲线如图 2.5.1 所示。

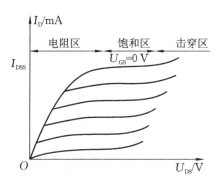

图 2.5.1 场效应管特性曲线

N 沟道场效应管的输出特性分电阻区、饱和区、击穿区。假如栅源电压 U_{GS} 不变,漏极电流 I_D 与漏源电压 U_{DS} 的关系为 I_D 随 U_{DS} 的增加而增加,称这一区域为电阻区。当 U_{DS} 继续增加使整个沟道被夹断时,I_D 不再随 U_{DS} 的增加而增加,而是保持不变,称这一区域为饱和区;场效应管作放大器时,应工作在这一区域;U_{DS} 增加到使反向偏置的 PN 结击穿时,I_D 迅速上升,管子不能正常工作,甚至烧坏,称这一区域为击穿区。

3. 转移特性

场效应管转移特性曲线如图 2.5.2 所示。

转移特性是指场效应管工作在饱和区时,如果漏源电压 U_{DS} 固定不变,栅源电压 U_{GS} 对漏极电流 I_D 的控制特性。

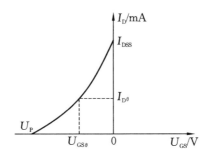

图 2.5.2　场效应管转移特性曲线

转移特性曲线可用下式表示：

$$I_D = I_{DSS}\left(1 - \frac{U_{GS}}{U_P}\right)^2$$

其中，I_{DSS} 为饱和漏极电流，一般 I_{DSS} 为 1～4 mA，U_P 为夹断电压。

4. 跨导 g_m

跨导是表征栅源电压对漏极电流控制作用大小的一个参数。跨导 g_m 是转移特性曲线上某点斜率，单位为西门子(S)。它也是表征场效应管放大能力的一个重要参数。g_m 越大，场效应管放大能力越强。g_m 可以从转移特性曲线上求出。

$$g_m = \frac{\Delta I_D}{\Delta U_{GS}}\bigg|_{U_{DS}=常数}$$

5. 原理图

场效应管放大电路如图 2.5.3 所示。

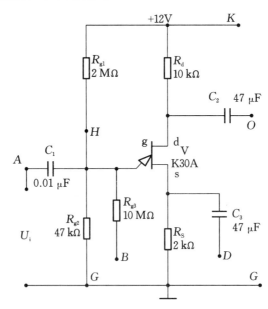

图 2.5.3　场效应管放大电路

R_{g1}、R_{g2}、R_{g3} 为栅极电阻，R_S 为源极电阻，C_3 为源极旁路电容，R_d 为漏极直流负载电阻，C_1、C_2 为耦合电容，它们构成分压式自偏压共源放大电路。

其静态工作点为

$$U_{HG} = U_H - U_S = \frac{R_{g2}}{R_{g1} + R_{g2}} U_{DD} - I_D R_S$$

$$I_D = I_{DSS} \left(1 - \frac{U_{GS}}{U_P}\right)^2$$

$$U_{DS} = U_{DD} - I_D (R_d + R_S)$$

中频电压放大倍数为

$$A_U = -g_m R_L' = -g_m R_d // R_L$$

输入电阻为

$$R_i = R_{g3} + R_{g1} // R_{g2}$$

输出电阻为

$$R_o \approx R_d$$

三、实验设备与器件

（1）电工电子电拖实验装置。

（2）数字万用表或毫伏表。

（3）双踪示波器。

四、实验内容与步骤

（1）按图 2.5.3 连接，B 接 H，D 接 G，O 接负载。

（2）检查无误后，接通 +12 V 电源。

（3）静态工作点的测量。

用直流电压表测量 U_G、U_S 和 U_D，将测量结果记入表 2.5.1。

表 2.5.1　场效应管放大器静态工作点

测　量　数　据						计　算　数　据		
U_G/V	U_S/V	U_D/V	U_{DS}/V	U_{GS}/V	I_D/mA	U_{DS}/V	U_{GS}/V	I_D/mA

（4）动态测试。

测量电压放大倍数 A_U 和输出电阻 R_o，记入表 2.5.2 中。

表 2.5.2　场效应管放大器 A_U 和 R_o 的测量

负　　载	测　量　数　据				计　算　值		U_i 和 U_o 波形
	U_i/V	U_o/V	A_U	$R_o/k\Omega$	A_U	$R_o/k\Omega$	
$R_L = \infty$							
$R_L = 10\ k\Omega$							

在放大器的输入端加入 $f = 1\ kHz$ 的正弦波信号 U_i（50～100 mV），用示波器监视输出电压波形。在输出电压不失真的条件下，用交流毫伏表分别测量 $R_L = \infty$、$R_L = 10\ k\Omega$ 时的

输出电压(保持输入不变),记入表 2.5.2。

五、实验报告

(1) 画出电路图,整理实验数据,计算测试结果。

(2) 对测试结果进行比较和解释。

(3) 与晶体管相关电路进行比较,做出文字说明。

◀▶ 实验 2.6　互补对称 OTL 功率放大电路 ◀▶

一、实验目的

（1）熟悉互补对称 OTL 功率放大电路的工作原理，学会静态工作点的调整方法和基本参数的测试方法。

（2）通过实验，观察自举电路对改善放大器性能的影响。

二、实验原理

1. 原理图

互补对称 OTL 功率放大电路如图 2.6.1 所示。

2. 基本工作原理

互补对称 OTL 功率放大电路主要由电压激励放大电路、功率放大输出电路、负载组成。

三极管 V2、V3 是互补对称推挽功率放大管，用于构成功率放大输出级。

D1、D2 保证 V2、V3 静态时处于甲乙类工作状态，克服电路产生交越失真，同时还能起到温度补偿作用。

R_2、C_2 组成自举电路，增大输出信号的动态范围，提高放大器的不失真功率。

C_4 是输出耦合电容，充电后又充当 V3 回路的电源。

R_3、D1、D2 是 V1 的集电极负载电阻。

R_5 是 V1 射极电阻，稳定直流 Q 点，C_3 是 R_5 的交流旁路电容。

R_6、R_7 是射极负反馈电阻，起稳定 Q 点的作用。

当输入信号为负半周时，信号经 V1 反相放大后使 V2 导通、V3 截止，V2 的集电极电流对电容 C_2 充电，并使负载获得经放大的交流信号。当输入信号为正半周时，信号经 V1 反相放大后使 V3 导通、V2 截止，电源 U_{CC} 不能向 V3 供电，这时电容 C_2 充当电源角色，向 V3 供电，对负载放电，使负载获得另一半波交流输出信号。

三、实验设备与器件

（1）电工电子电拖实验装置。

（2）数字万用表或毫伏表。

（3）双踪示波器。

四、实验内容

（1）在电路板上将图 2.6.1 连接成无自举功率放大电路，即 C、D 不接，O 点接负载电阻（8.2 Ω）。检查无误后，电源接＋12 V。

（2）调节直流工作点，即调节 R_{P1}，使 E 点电压 $U_E = 0.5\, U_{CC}$。

（3）输入频率为 1 kHz 的正弦波交流信号 U_i，输出端接负载及示波器。增大 U_i 的幅

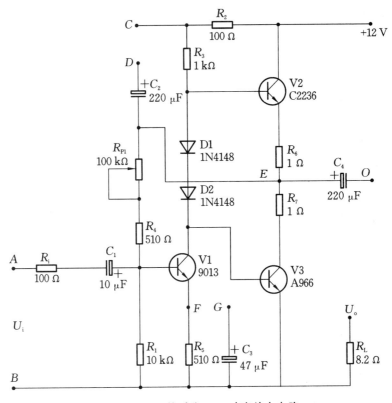

图 2.6.1 互补对称 OTL 功率放大电路

值,由示波器观察输出最大动态不失真波形,用毫伏表测出此时 U_i 和 U_L 的有效值,则最大不失真输出功率 $P_{om} = P_L = U_L/R_L$,将测量结果记入表 2.6.1 中。

(4)计算电源供给功率。

电源供给功率为

$$P_o = U_{CC} \times I_o$$

用万用表电流挡测量出直流电源供给的直流电流 I_o,I_o 为电源供给的平均电流。

(5)计算效率。

效率为

$$\eta = \frac{P_L}{P_o} \times 100\%$$

(6)接自举电路,即连接 C、D 两点,测试方法同上,将结果记入表 2.6.1 中,并进行计算。

(7)短路 D1 或 D2,或将 D1、D2 同时短路,观察记录交越失真波形。

表 2.6.1 自举电路的作用

测 量 条 件	测 量 值				计 算 值	
	U_{CC}/V	I_o/mA	U_{om}/V	U_i/mV	η	P_{om}/W
加自举						
不加自举						

五、实验报告

（1）整理测试数据，计算结果。

（2）观察记录交越失真波形。

（3）分析自举电路的作用。

◀ 实验 2.7　差动放大电路 ▶

一、实验目的

（1）看懂电路原理图，会测静态工作点。

（2）通过实验，掌握带恒流源差动放大电路的特点，了解同相与反相的含义，为学习集成电路打好基础。

（3）掌握差动电路参数的测量方法。

二、实验原理

差动放大电路如图 2.7.1 所示。

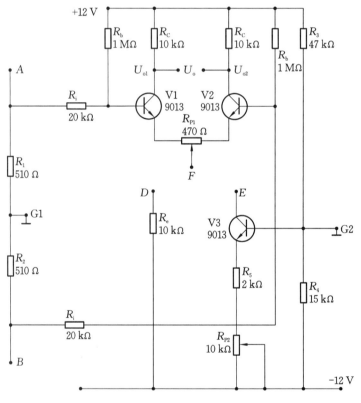

图 2.7.1　差动放大电路

主要元器件的作用如下。

V1、V2：一对性能相近的 NPN 型硅三极管，做放大信号用。

R_{P1}：调零电位器。它是 V1、V2 的射极平衡电位器，改变它，可改变 V1、V2 的对称性，静态时调节 R_{P1} 可使两管静态电流相等，使输出电压 U_o 为零。

R_1、R_2：输入端实现平衡用的电阻。

R_5、R_{P2}：恒流源射极电阻。

R_3、R_4：分压电阻，给 V3 一个稳定的基极电压，从而稳定 V3 的静态电流，间接地稳定 V1、V2 的 Q 点。

电路设有两个支路，左边是 R_e 支路，右边是恒流源支路。F 和 $D(R_e)$ 连接，构成典型的差动放大器。此时 R_e 为 V1、V2 两管共用发射极电阻，对差模信号无负反馈作用，不影响差模放大倍数，而对共模信号具有较强的负反馈作用，故可抑制零点漂移和稳定静态工作点。

F 与 E 相连，V3 做恒流用，用以稳定 V1、V2 的静态工作点，对直流有深度负反馈作用，可进一步提高差动放大器抑制共模信号、放大差模信号的能力。

放大器有三种耦合方式，即阻容耦合、直接耦合和变压器耦合。差动放大器是直接耦合形式的特例，它能放大直流信号和变化缓慢的交流信号，如图 2.7.1 所示。采用不同的连接形式构成不同的电路，应分别根据其直流通路求出各自的静态工作点；根据交流通路求出差模电压放大倍数 A_{Ud}、输入电阻 R_{id} 和输出电阻 R_{od}。

差模电压放大倍数等于单管放大倍数，即

$$A = \frac{U_o}{U_{i1} - U_{i2}} = \frac{2U_{c1}}{2U_{i1}} = \frac{U_{c1}}{U_{i1}}$$

为表征差动放大器对共模信号的抑制能力，引入共模抑制比 CMRR。其定义为放大器的差模电压放大倍数 A_{Ud} 与共模电压放大倍数 A_{Uc} 之比的绝对值，即 $CMRR = \left| \dfrac{A_{Ud}}{A_{Uc}} \right|$。

理想的差动放大器的 A_{Uc} 为零，则 $CMRR = \infty$。CMRR 越大，表示电路对称性越好，对漂移的抑制能力越强。

三、实验设备与器件

（1）电工电子电拖实验装置。

（2）数字万用表或毫伏表。

（3）双踪示波器。

四、实验内容

1. 调零

按图 2.7.1，将 E 和 F 连接，将两输入端短接并接地，检查无误后，接通 ±12 V 直流电源。调 R_{P2}，使 $U_{e3} = -6.8$ V；调节电位器 R_{P1}，使双端输出电压 U_o 为零。

2. 测量静态工作点

测量 V1、V2、V3 各极对地电压并填入表 2.7.1。

表 2.7.1　实验 2.7V1、V2、V3 各静态工作点

对地电压	U_{c1}	U_{c2}	U_{c3}	U_{b1}	U_{b2}	U_{b3}	U_{e1}	U_{e2}	U_{e3}
测量值									

3. 测量差模电压放大倍数

由差模信号源端口输出 ±0.1 V 的直流信号，将其分别加到 A、B 输入端，即双端差模输

入;按表 2.7.2 的要求,测量相应输入端、输出端的电压,并记录在表 2.7.2 中;由测量数据算出单端输出和双端输出的电压放大倍数。

4. 测量共模电压放大倍数

在输入端短接,即将 A 和 B 接在一起,然后接到差模信号源的输出端 OUT1 或 OUT2,即双端共模输入;测量相应输入端、输出端的电压,将测量值填入表 2.7.2。由测量数据计算出单端输出和双端输出的电压放大倍数。最后,算出共模抑制比 CMRR。A_{Ud1}、A_{Ud2} 和 A_{Ud} 分别为单端输出和双端输出的差模电压放大倍数;A_{Uc1}、A_{Uc2} 和 A_{Uc} 分别为单端输出和双端输出的共模电压放大倍数。

表 2.7.2 实验 2.7 电压放大倍数比较

输入信号测量及计算值	差 模 输 入						共 模 输 入						共模抑制比
	测试值			计算值			测试值			计算值			计算值
	U_{o1} /V	U_{o2} /V	U_o /V	A_{Ud1}	A_{Ud2}	A_{Ud}	U_{o1} /V	U_{o2} /V	U_o /V	A_{Uc1}	A_{Uc2}	A_{Uc}	CMRR
$U_{i1}=0.1$ V													
$U_{i2}=-0.1$ V													

5. 单端输入差动放大电路的研究

(1) 将步骤 4 中接在一起的 A、B 断开,连接 E、F。从实验台信号发生源输出一个 1 kHz/50 mV 的正弦波,加至 A 端,将 B 端接地。用双通道示波器 CH1、CH2 探头测 V1、V2 的集电极 U_{o1}、U_{o2} 端口,观察输出波形;调 R_{P2},使其波形最大不失真,观其幅值及相位,画波形于表 2.7.3 中。从波形上可知 U_{o1} 与 U_{B1} 反相、U_{o2} 与 U_{B1} 同相。

表 2.7.3 交流信号加入后 U_{o1}、U_{o2} 的大小及波形情况

输 入 信 号	U_{o1}/mV	U_{o2}/mV	电压放大倍数
U_i 1 kHz/50 mV正弦波 与 U_i 的相位关系			

(2) 单端输入差功放大电路的差模电压放大倍数。

① 在图 2.7.1 中,F 接 E,将 B 接地,组成单端输入差动放大电路,从 A 端输入直流信号 $+0.1$ V 或 -0.1 V,测量单端输出和双端输出的电压,将电压测量值记录在表 2.7.4 中。计算单端输入时的单端输出和双端输出差模电压放大倍数,并将其与双端输入时的单端输出和双端输出时的差模电压放大倍数进行比较,即将结果与本实验步骤 3 的结果进行比较。

表 2.7.4 单端输入差动放大电路的差模电压放大倍数

输入信号	电 压 值			放 大 倍 数		
测量及计算值	U_{o1}/V	U_{o2}/V	U_o/V	A_{Ud1}	A_{Ud2}	A_{Ud}
直流＋0.1 V						
直流－0.1 V						
正弦波信号 50 mV/1 kHz						

A_{Ud1}、A_{Ud2} 和 A_{Ud} 分别为单端输出和双端输出的差模电压放大倍数。

② 从 A 端输入正弦波交流信号（$U_i=50$ mV，$f=1$ kHz），B 端接地，分别测量、记录单端输出和双端输出的电压和波形，填入表 2.7.4，计算出单端输出和双端输出的差模电压放大倍数。

注意：输入交流信号时，用示波器监视 U_{c1} 和 U_{c2} 波形，若有失真现象，减小输入电压值，直到使 U_{c1}、U_{c2} 都不失真为止。

五、实验报告要求

（1）根据实测数据，计算图 2.7.1 所示电路的静态工作点，与预习计算结果比较。

（2）画出电路图，整理计算各种数据，以表格形式写入实验报告。

（3）总结差动放大电路的性能和特点。

◀ 实验 2.8 集成运算放大器应用（一）▶

一、实验目的

（1）了解集成运算放大器的基本运算关系和应用。
（2）掌握各种功能电路的测试和分析方法。

二、实验原理

集成运算放大器是一种高放大倍数的直流放大器。若在它的输出端和输入端加入反馈网络，则可实现各种不同的电路功能。

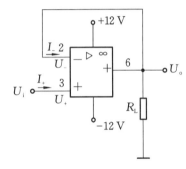

图 2.8.1 电压跟随器

1. 电压跟随器

按图 2.8.1 连接电路。运算放大器采用 LM741，其 2 脚是反相输入端，3 脚是同相输入端，6 脚是输出端，7 脚是正电源端（+12 V），4 脚是负电源端（−12 V）。在 3 脚输入一个信号 U_i，6 脚将输出一个与 U_i 相位相同、大小相等的交流信号 U_o。若在 3 脚输入一个直流信号，则输出一定等于输入信号。

根据运算放大器工作在线性区有两个特点，即 $U_- = U_+ = U_i$；$I_- = I_+ = 0$，由图 2.8.1 可知

$$U_o = U_i$$

2. 反相比例放大器

反相比例放大器如图 2.8.2 所示。其中运算放大器的 6 脚与 2 脚接入负反馈电路，信号从反相输入端 2 脚输入，从 6 脚输出一个相位相反的并经过放大的信号。由于 R_f 的负反馈作用，该运算放大器工作在线性区，即 $I_- = I_+ = 0$，所以有 $I_1 = I_f$。

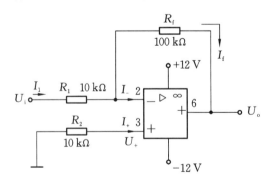

图 2.8.2 反相比例放大器

由于 $U_- = U_+ = 0$（虚地），所以 $I_1 = \dfrac{U_i}{R_1} = -\dfrac{U_o}{R_f}$，则 $A_{Uf} = -\dfrac{R_f}{R_1}$。

A_{Uf} 与 R_f、R_1 的比值有关,故称作比例运算。

当 $R_1=R_f$ 时,$A_{Uf}=-1$,此时称反相器,即 $U_o=-U_i$,U_o、U_i 幅值相等。在理想条件下,运算关系为

$$U_o=-\frac{R_f}{R_1}U_i$$

3. 同相比例放大器

同相比例放大器如图 2.8.3 所示。

根据运算放大器工作在线性区有两个特点,即 $U_-=U_+=U_i$,$I_-=I_+=0$,所以有 $I_1=I_f$,$I_1=\dfrac{U_i}{R_1}=\dfrac{U_o-U_i}{R_f}$,$U_i\left(\dfrac{1}{R_1}+\dfrac{1}{R_f}\right)=\dfrac{U_o}{R_f}$,$\dfrac{U_o}{U_i}=1+\dfrac{R_f}{R_1}$。

A_{Uf} 与 R_f、R_1 的比值有关,故称作比例运算。在理想化条件下,运算关系为

$$U_o=\left(1+\frac{R_f}{R_2}\right)U_i$$

4. 加法器

加法器如图 2.8.4 所示。

此加法器为反相比例加法器。在理想条件下,运算关系为

$$U_o=-\frac{R_f}{R_2}(U_{i1}+U_{i2})$$

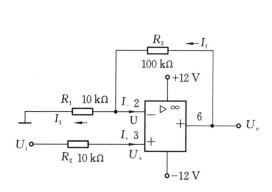

图 2.8.3 同相比例放大器

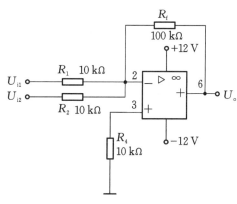

图 2.8.4 加法器

5. 减法器

减法器如图 2.8.5 所示。

此减法器为差分输入减法器。当 $R_1=R_2$,$R_f=R_4$ 时,在理想条件下,运算关系为

$$U_o=\frac{R_f}{R_1}(U_{i2}-U_{i1})$$

6. 积分器

积分器如图 2.8.6 所示。在做实验时,应将 R_1 短路。

在理想条件下,运算关系为

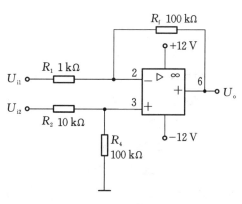

图 2.8.5 减法器

$$U_o(t) \approx -\frac{1}{RC}\int_0^t U_i \mathrm{d}t + U_{C(0)} = -\frac{1}{RC}U_{im}t$$

式中:$U_{C(0)}$ 是 $t=0$ 时刻电容 C 两端的电压值,即初始值;U_{im} 为输入信号电压的峰值;t 为输入信号的持续时间。

如果 $U_i(t)$ 是幅值为 E 的阶跃电压,并设 $U_C(0)=0$,则 $U_o(t) \approx -\frac{1}{RC}\int_0^t E\mathrm{d}t = -\frac{E}{R_1 C}$,即输出电压 $U_o(t)$ 随时间增长而线性下降,显然 RC 的数值越大,达到给定值所需的时间就越长。积分输出电压所能达到的最大值受集成运算放大器最大输出范围的限制。

7. 微分电路

微分电路如图 2.8.7 所示。

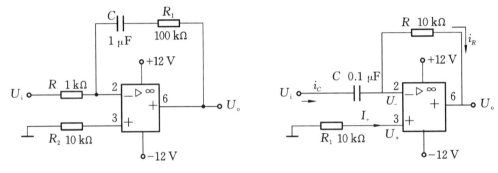

图 2.8.6 积分器   图 2.8.7 微分电路

因为 $I_- = I_+$,所以 $i_C = i_R$。

又因为 $U_- = U_+ = 0$,所以 $U_o = -i_R R = -i_C R = -RC(\mathrm{d}U_C/\mathrm{d}t) = -RC(\mathrm{d}U_i/\mathrm{d}t)$,实现了 U_o 正比于 U_i 对时间微分的关系。

三、实验设备与器件

(1) 电工电子电拖实验装置。

(2) 数字万用表或毫伏表。

(3) 双踪示波器。

四、实验内容

1. 电压跟随器

(1) 按图 2.8.1 连接电路。

(2) 检查无误后,接通 ±12 V 电源。

(3) 在 U_i 处输入直流信号,按表 2.8.1 做实验并记录实验数据。

(4) 在 U_i 处输入 1 kHz、0~1 V 的正弦波信号,用示波器观察 U_o 的波形,并将其与输入信号进行比较。

表 2.8.1　电压跟随器

U_i/V		-2	-0.5	0	$+0.5$	1
U_o/V	$R_L = \infty$ 测试					
	误差					
	$R_L = 10\ k\Omega$ 测试					
	误差					

2. 反相比例放大器

（1）按图 2.8.2 连接电路。

（2）检查无误后，接通 $\pm12\ V$ 电源。

（3）在 U_i 处输入直流信号，按表 2.8.2 做实验并记录实验数据。

（4）在 U_i 处输入 1 kHz、0.2~0.8 V 的正弦波信号，用示波器观察输出 U_o 的波形，并将其与输入信号进行比较。

表 2.8.2　反相比例放大器

U_i/V		0.2	0.4	0.6	0.8
输出电压 U_o	理论估计值/V				
	实测值/V				
	误差				

3. 同相比例放大器

（1）按图 2.8.3 连接电路。

（2）检查无误后，接通 $\pm12\ V$ 电源。

（3）在 U_i 处输入直流信号，按表 2.8.3 做实验并记录实验数据。

（4）在 U_i 处输入 1 kHz、0.1~0.8 V 的正弦波信号，用示波器观察输出 U_o 的波形，并将其与输入信号进行比较。

表 2.8.3　同相比例放大器

U_i/V		0.2	0.4	0.6	0.8
输出电压 U_o	理论估计值/V				
	实测值/V				
	误差				

4. 加法器

（1）按图 2.8.4 连接电路。

（2）检查无误后，接通 $\pm12\ V$ 电源。

（3）在 U_{i1}、U_{i2} 处输入直流电压，按表 2.8.4 的要求做实验并记录实验数据。

表 2.8.4　加法器

U_{i1}/V	0.3	0	-0.3
U_{i2}/V	0.2	0	-0.2
U_{o}/V			

5. 减法器

(1) 按图 2.8.5 连接电路。

(2) 检查无误后,接通 ±12 V 电源。

(3) 在 U_{i1}、U_{i2} 处输入直流电压,按表 2.8.5 的要求做实验并记录实验数据。

表 2.8.5　减法器

U_{i1}/V	0.3	0	-0.3
U_{i2}/V	0.2	0	0.2
U_{o}/V			

6. 积分器

(1) 按图 2.8.6 连接电路。

(2) 检查无误后,接通 ±12 V 电源。

(3) 在进行积分运算之前,首先应将运算放大器调零。为了便于调节,将图中电容 C 短路,即通过电阻 R_1 的负反馈作用帮助实现调零。将输入对地短路,调节调零电位器,使输出为零。在完成调零后,应将短路 C 的连线去掉,将 R_1 短路,以免因 R_1 的接入造成积分误差。

(4) 在 U_i 处输入频率为 1 kHz、幅值为 5 V 的方波信号,用示波器观察 U_i 和 U_o 的大小及相位关系,并描绘出输入波形、输出波形。

(5) 改变图 2.8.6 所示电路的输入信号的频率,观察 U_i 与 U_o 波形、相位、幅值关系的变化。

7. 微分电路

(1) 按图 2.8.7 连接电路。

(2) 检查无误后,接通 ±12 V 电源。

(3) 在 U_i 处输入 1 kHz、0.1 V 的矩形波信号,用示波器观察 U_i 和 U_o 的波形并记录。

(4) 将输入信号改为 5.1 kHz,$U_i = 0.1$ V,重复上述实验。

五、实验报告要求

(1) 整理实验数据,画出实验电路。

(2) 分析实验结果,画出输入信号、输出信号的波形,并进行比较。

(3) 在微分电路实验中,若把输入信号改为正弦波,实验结果会怎么样?

(4) 对比各实验电路,总结各自的特点。

实验 2.9 集成运算放大器应用(二)

一、实验目的

(1)了解集成运算放大器的应用。
(2)学习各种功能电路的测试和分析方法。
(3)学会测量各种波形。

二、实验原理

RC 桥式正弦波发生器如图 2.9.1 所示。

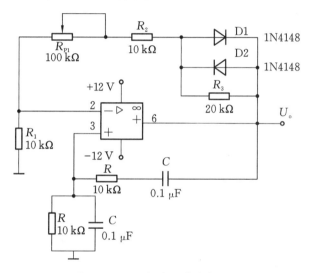

图 2.9.1 RC 桥式正弦波发生器

图中 RC 串并联电路构成正反馈支路,同时兼作选频网络,R_1、R_2、R_{P1} 及二极管等元件构成负反馈和稳幅环节。调节 R_{P1},可以改变负反馈深度,以满足振荡的振幅条件和改善波形。利用两个反向并联二极管 D1、D2 正向电阻的非线性特性来实现稳幅。D1、D2 采用硅管,且要求特性匹配,只有这样才能保证输出波形正、负半周对称。R_3 的接入是为了削弱二极管非线性的影响,以改善波形失真。

电路的振荡频率为

$$f_{\circ}=\frac{1}{2\pi RC}$$

起振的幅值条件为

$$\frac{R_{\mathrm{f}}}{R_1}\geqslant 2$$

式中 $R_{\mathrm{f}}=R_{P1}+R_2+(R_3 // r_{\circ})$,$r_{\circ}$ 为二极管正向导通电阻。

调整反馈电阻,即调节 R_{P1},使电路起振,且波形失真最小。如果电路不起振,则说明负反馈太强,应适当增大 R_f;如果波形失真严重,则应适当减小 R_f。

改变选频网络的参数 C 或 R,即可调节振荡频率。一般采用改变电容 C 做频率量程切换,而调节 R 做量程内的频率细调。

三、实验设备与器件

(1)电工电子电拖实验装置。

(2)数字万用表或毫伏表。

(3)双踪示波器。

四、实验内容

(1)按照图 2.9.1 所示电路进行连接。

(2)检查无误后,接通 ±12 V 电源。

(3)用示波器观测 U_o 的波形;调节 R_{P1},观察输出信号频率和波形的变化情况,使输出波形从有到无,从正弦波到出现失真;记录 U_o 的波形,记下临界起振、正弦波输出及失真情况下 R_{P1} 的值,分析负反馈强弱对起振条件及输出波形的影响。

(4)调节 R_{P1},使输出信号幅值最大且不失真,用交流毫伏表分别测量输出电压 U_o、反馈电压 U_+ 和 U_-,分析振荡的幅值条件。

(5)用频率计测量振荡频率 f_o,然后改变选频网络的两个电阻的阻值,观察并记录振荡频率的变化情况,并与理论值进行比较。

(6)断开二极管 D1、D2,重复步骤(4)的内容,将测试结果与步骤(4)的测试结果进行比较,分析 D1、D2 的稳幅作用。

(7)RC 串并联网络幅频特性观察。将 RC 串并联网络与运算放大器断开,由函数信号发生器输入约 3 V 正弦波信号,并用双踪示波器同时观察 RC 串并联网络的输入波形、输出波形,保持输入幅值不变,从低到高改变输入信号频率,当信号源达到某一频率时,RC 串并联网络输出达到最大值,且输入、输出同相位。此时的信号源频率为

$$f = f_o = \frac{1}{2\pi RC}$$

五、实验报告

(1)整理实验数据,画出波形图,把实测频率值与理论值进行比较。

(2)分析电路参数变化对输出波形频率和幅值的影响。

实验 2.10 集成运算放大器应用（三）

一、实验目的

（1）掌握电压比较器的电路构成及特点。

（2）学会测试电压比较器的方法。

二、实验原理

电压比较器是集成运算放大器非线性应用电路，它将一个模拟量电压信号和一个参考电压相比较，在二者幅值相等的附近输出电压发生跃变，相应输出高电平或低电平。电压比较器可以组成非正弦波形变换电路及应用于模拟与数字信号转换等领域。

图 2.10.1(a)所示为最简单的电压比较器电路图。图中 U_{REF} 为参考电压，加在运算放大器的同相输入端；输入电压 U_i 加在反相输入端。

当 $U_i < U_{REF}$ 时，运算放大器输出高电平，稳压管 Dz 反向稳压工作，输出端电位被钳位在稳压管的稳定电压 U_z，即 $U_o = U_z$。

当 $U_i > U_{REF}$ 时，运算放大器输出低电平，稳压管 Dz 正向导通，输出电压等于稳压管的正向压降 U_D，即 $U_o = -U_D$。

因此，以 U_{REF} 为界，当输入电压 U_i 变化时，输出端反映出两种状态，即高电位和低电位。

表示输出电压与输入电压之间关系的特性曲线称为传输特性曲线。图 2.10.1(b)所示为图 2.10.1(a)所示电压比较器的传输特性曲线。

常用的电压比较器有过零比较器、具有滞回特性的过零比较器（简称滞回比较器）、双限比较器（又称窗口比较器）等。

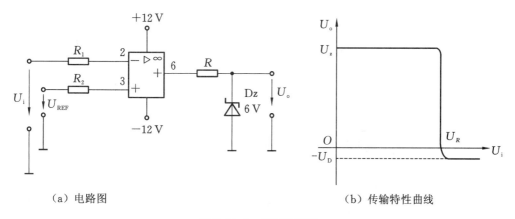

（a）电路图　　　　　　　　　　（b）传输特性曲线

图 2.10.1　电压比较器

1. 过零比较器

图 2.10.2 所示为加限幅电路的过零比较器。图中 Dz 为限幅稳压管。若信号从运算放

大器的反相输入端输入,参考电压为零。若信号从运算放大器的从反相输入端输入,当 $U_i >$ 0 时,输出 $U_o = -(U_z + U_D)$;当 $U_i < 0$ 时,$U_o = +(U_z + U_D)$。加限幅电路的过零比较器的传输特性曲线如图 2.10.2(b)所示。

过零比较器结构简单,灵敏度高,但抗干扰能力差。

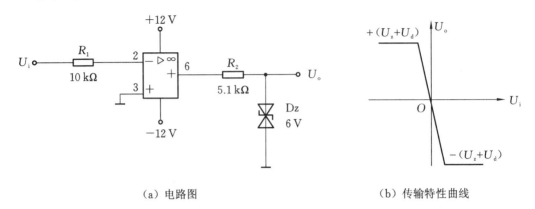

（a）电路图　　　　　　　　（b）传输特性曲线

图 2.10.2　加限幅电路的过零比较器

2. 滞回比较器

图 2.10.3 所示为具有滞回特性的过零比较器。

具有滞回特性的过零比较器在实际工作时,如果 U_i 恰好在过零值附近,则由于零点漂移的存在,U_o 将不断由一个极限值转换到另一个极限值,这在控制系统中对执行机构是不利的。为此,就需要使输出特性具有滞回现象。如图 2.10.3(a)所示,从输出端引一个电阻分压正反馈支路到同相输入端,若 U_o 改变状态,Σ 点也随着改变电位,使过零点离开原来位置。当 U_o 为正(记作 U_+)时,

$$U_i = \frac{R_2}{R_f + R_2} U_+$$

$U_i > U_\Sigma$ 后,U_o 由正变负(记作 U_-)。此时 U_Σ 变为 $-U_\Sigma$,故只有当 U_i 下降到 $-U_\Sigma$ 以下,才能使 U_o 再度回升到 U_+,于是出现图 2.10.3(b)中所示的滞回特性。$-U_\Sigma$ 与 U_Σ 的差别称为回差。改变 R_2 的数值可以改变回差的大小。

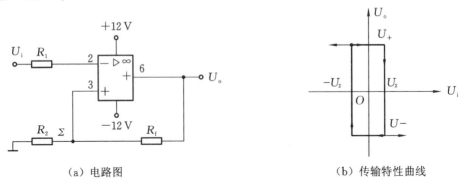

（a）电路图　　　　　　　　（b）传输特性曲线

图 2.10.3　具有滞回特性的过零比较器

三、实验设备与器件

（1）电工电子电拖实验装置。

（2）数字万用表或毫伏表。

（3）双踪示波器。

四、实验内容

1. 过零比较器

实验电路如图 2.10.2(a)所示。

（1）按图 2.10.2(a)连接电路。

（2）检查无误后，接通±12 V 电源。

（3）测量 U_i 悬空时的 U_o 值。

（4）U_i 输入 500 Hz、2 V 的正弦波信号，观察 U_i、U_o 的波形并记录。

（5）改变 U_i 幅值，测量传输特性曲线。

2. 反相滞回比较器

实验电路如图 2.10.4 所示。

（1）按照图 2.10.4 连接电路。

（2）检查无误后，接通±12 V 电源。

（3）测量 U_i 悬空时的 U_o 值。

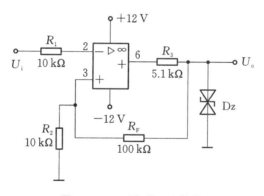

图 2.10.4　反相滞回比较器

（4）U_i 输入 0～5 V 可调直流电源，测出 U_o 电压由 $+U_{omax}$ 变化到 $-U_{omax}$ 时 U_i 的临界值。

（5）U_i 输入 -5～0 V 可调直流电源，测出 U_o 电压由 $-U_{omax}$ 变化到 $+U_{omax}$ 时 U_i 的临界值。

（6）U_i 输入 500 Hz、2 V 的正弦波信号，观察 U_i 变化和 U_o 波形并记录。

（7）将分压支路 100 kΩ 电阻改为 200 kΩ，重复上述实验，绘制传输特性曲线。

3. 同相滞回比较器

实验电路如图 2.10.5 所示。

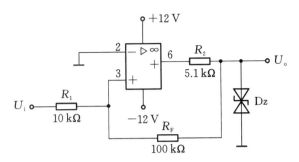

图 2.10.5　同相滞回比较器

（1）按照图 2.10.5 连接电路。

（2）检查无误后，接通 ±12 V 电源。

（3）测量 U_i 悬空时的 U_o 值。

（4）参照反相滞回比较器，自己拟定实验步骤及方法，将实验结果与反相滞回比较器实验结果进行比较。

五、实验报告要求

（1）整理实验数据，绘制各类电压比较器的传输特性曲线。

（2）总结几种电压比较器的特点，阐明它们的应用。

实验 2.11　文氏电桥振荡电路

一、实验目的

(1) 学习文氏电桥振荡电路的工作原理及振荡条件。

(2) 掌握调试振荡器的方法以及频率、幅值测量方法。

(3) 观察 RC 参数对振荡频率的影响,学习振荡频率的测试方法。

二、实验原理

文氏电桥振荡电路如图 2.11.1 所示。

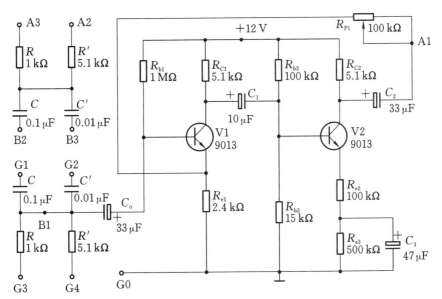

图 2.11.1　文氏电桥振荡电路(一)

图 2.11.1 所示的文氏电桥振荡电路为 RC 桥氏正弦波振荡电路,它由 R、C、R'、C'、R_{P1} 构成的文氏电桥和两级共射放大电路组成。它具有振荡频率和输出信号幅值稳定性高、波形失真小、频率调节方便等优点。

电路中输出端信号经过选频网络反馈到输入端,相移为零,形成正反馈,满足相位平衡条件;同时,两级共射放大电路也完全能够满足幅值平衡条件,所以电路很容易起振。电路的振荡频率取决于选频网络中 R、C、R'、C' 的数值,当电阻相等、电容相等时,$f_o = \dfrac{1}{2\pi RC}$。电路中引入电压负反馈,不仅可以降低放大电路的放大倍数,提高放大电路的稳定性,还能提高输入电阻、降低输出电阻,并起到稳幅的作用。负反馈量过大,会使电路停振;反之,负反馈量过小,则输出信号幅值过大,而且容易引起失真;调节 R_{P1},可改变负反馈量,调整电路的振荡情况。

三、实验设备与器件

（1）电工电子电拖实验装置。

（2）数字万用表或毫伏表。

（3）双踪示波器。

四、实验内容

（1）根据图 2.11.1 进行不同连接，可组成多个选频网络，如图 2.11.2 所示。

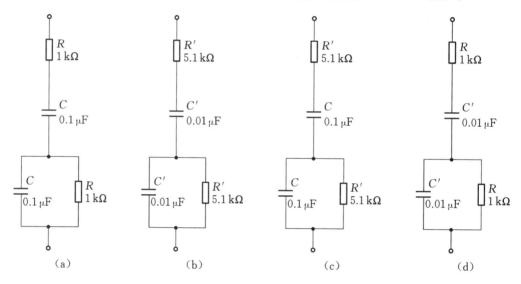

图 2.11.2 不同的选频网络

图 2.11.2 所示选频网络均为平衡选频网络，$R=R'$，$C=C'$，符合振荡要求。另外，还可组成不平衡选频网络，$R \neq R'$，$C \neq C'$，但这不一定符合振荡要求。

（2）根据图 2.11.1，连接 A1 和 A2，连接 B3 和 B1，连接 G2、G4 和 G0，连接后的电路如图 2.11.3 所示。调整 R_{P1}，使 A1 点的波形为不失真的正弦波，用示波器观测波形，用实验装置中的频率计测量振荡电路的振荡频率。

（3）按表 2.11.1 要求进行实验并记录结果。

（4）RC 串并联网络幅频特性的观察。将 RC 串并联网络与放大电路断开，由函数信号发生器输入约 3 V 正弦波信号，并用双踪示波器同时观察 RC 串并联网络输入波形、输出波形，保持输入幅值不变，从低到高改变输入信号频率，当信号源达到某一频率时，RC 串并联网络输出达到最大值，且输入、输出同相位。此时的信号源频率就是选频网络的中心频率。

$$f=f_\circ=\frac{1}{2\pi RC}$$

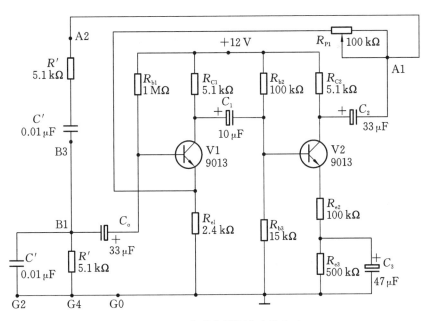

图 2.11.3　文氏电桥振荡电路（二）

表 2.11.1　不同选频网络的振荡频率

电　阻　值	电　容　值	波　　形	实测频率	计　算频率
1 kΩ	0.01 μF			
1 kΩ	0.1 μF			
5.1 kΩ	0.01 μF			
5.1 kΩ	0.1 μF			

五、实验报告

（1）整理实验数据，画出输出波形。

（2）断开 RC 支路，会有输出波形吗？为什么？

（3）连接成不平衡选频网络，输出波形会是什么样？

实验 2.12 *LC* 正弦波振荡器

一、实验目的

（1）研究 *LC* 正弦波振荡器的特性。

（2）学会测量、调试 *LC* 正弦波振荡器。

二、实验原理

1. 原理图

三点式振荡电路如图 2.12.1 所示。

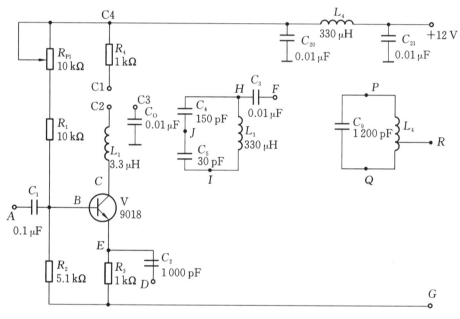

图 2.12.1 三点式振荡电路

2. 工作原理

LC 振荡器和 *RC* 振荡器基本相同，都是由选频电路、反馈电路和放大电路组成的。一般 *RC* 振荡器信号频率较低，*LC* 振荡器信号频率较高。*LC* 振荡器多用三点式振荡器。三点式振荡器电路起振或持续振荡，同样必须满足相位平衡和振幅平衡条件。

相位平衡条件为

$$\varphi_A + \varphi_F = 2n\pi \quad (n=0,1,2,\cdots)$$

振幅平衡条件为

$$AF = 1$$

三点式振荡电路是由 *LC* 并联回路的三个端点与三极管三个电极连接构成的反馈式振荡电路。三点式振荡电路分为电感三点式振荡电路（哈特莱电路）和电容三点式振荡电路

（考毕兹电路）。

　　将图 2.12.1 中的 J 和 E 连接、I 和 A 连接、H 和 C 及 C1 和 C2 连接，就构成电容三点式振荡电路，如图 2.12.2 所示。

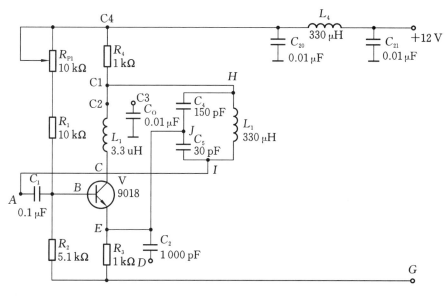

图 2.12.2　电容三点式振荡电路

　　电路的反馈电压取自电容 C_5 两端，使电路产生正反馈。振荡频率为 $f = \dfrac{1}{2\pi\sqrt{LC}}$，式中 C 为谐振电路等效电容。

　　将图 2.12.1 中的 P 和 A 连接、R 和 C4 连接、Q 和 C 连接，就构成电感三点式振荡电路，如图 2.12.3 所示。其中线圈 PR 部分为反馈线圈，实现正反馈，满足振荡的相位平衡条件。振荡频率为 $f = \dfrac{1}{2\pi\sqrt{LC}}$，式中 L 为谐振电路等效电感。

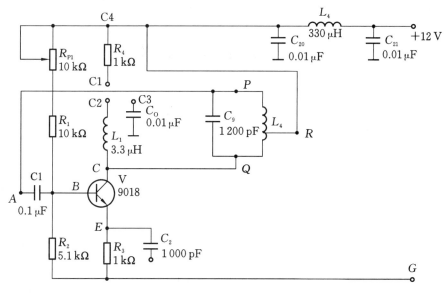

图 2.12.3　电感三点式振荡电路

当电路一旦满足相位、振幅平衡条件，LC振荡器即可起振，产生一个频率固定的正弦波交流信号。

调节R_{P1}，可以改变放大电路的静态工作点，使振荡电路更易起振。

三、实验设备与器件

(1) 电工电子电拖实验装置。

(2) 数字万用表或毫伏表。

(3) 双踪示波器。

四、实验内容

(1) 将图2.12.1中的J和E连接、I和A连接、H和C及$C1$和$C2$连接，就构成电容三点式振荡电路，连接后的电路如图2.12.2所示。连接电路时，尽量用最短的导线，以减少分布参数对振荡电路的影响。

(2) 检查无误后，接通± 12 V电源。

(3) 调节R_{P1}，使电路振荡，用示波器在F点观察振荡信号波形，测量其电压幅值及频率并记录。

(4) 切断直流电源，拆除步骤(1)的连接；再在将图2.12.1中的P和A连接、R和$C4$连接、Q和C连接，构成电感三点式振荡电路，如图2.12.3所示。连接电路时，尽量用最短的导线，以减少分布参数对振荡电路的影响。

(5) 检查无误后，接通± 12 V电源。

(6) 调节R_{P1}，使电路振荡，用示波器在R点观察振荡信号波形，测量其电压幅值及频率并记录。

五、实验报告要求

(1) 整理实验数据，画出实验电路。

(2) 分析实验结果，画出波形。

(3) 对比电感三点式振荡电路和电容三点式振荡电路，叙述它们各自的特点。

实验 2.13 整流滤波稳压电路

一、实验目的

（1）熟悉整流滤波稳压电路的工作原理。

（2）掌握整流滤波稳压电路主要性能指标的调整和测试方法。

二、实验原理

直流稳压电源由电源变压器、整流电路、滤波电路和稳压电路四个部分组成。电网供给的交流电压（220 V，50 Hz）经电源变压器降压后，得到符合电路需要的交流电压，然后由整流电路变换成方向不变、大小随时间变化的脉动电压，再用滤波器去其交流分量，就可得到比较平直的直流电压。但这样的直流输出电压会随交流电网电压的波动或负载的变化而变化。在对直流供电要求较高的场合，还需要使用稳压电路，以保证输出直流电压更加稳定。

图 2.13.1 所示是由分立元件组成的串联型直流稳压电源的电路图。其整流部分为单相桥式整流、电容滤波电路，由调整元件、比较放大器、取样电路和基准电压组成。整个电路是一个具有电压串联负反馈的闭环系统，其稳压过程为：当电网电压变动或负载变动引起输出直流电压发生变化时，取样电路取出输出电压的一部分送入比较放大器，并与基准电压进行比较，产生的误差信号经 V3 放大后送至调整管 V1 的基极，使调整管改变其管压降，以补偿输出电压的变化，从而达到稳定输出电压的目的。

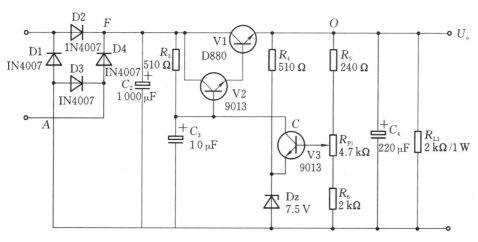

图 2.13.1　由分立元件组成的串联型直流稳压电源的电路图

直流稳压电源的主要性能指标如下。

（1）输出电压 U_o 和输出电压调节范围。

$$U_o = \frac{R_5 + R_{P1} + R_6}{R_6 + R_{P1}''}(U_z + U_{BE3})$$

调节 R_{P1} 可以改变输出电压 U_o。

（2）最大负载电流 I_{om}。

（3）输出电阻 R_o。输出电阻 R_o 定义为：当输入电压 U_i（指稳压电路输入电压）保持不变时，由于负载变化而引起的输出电压变化量与输出电流变化量之比，即

$$R_o = \frac{\Delta U_o}{\Delta I_o}\bigg|_{U_i=常数}$$

（4）稳压系数 S（电压调整率）。稳压系数 S 定义为：当负载保持不变时，输出电压相对变化量与输入电压相对变化量之比，即

$$S = \frac{\dfrac{\Delta U_o}{U_o}}{\dfrac{\Delta U_i}{U_i}}\bigg|_{R_L=常数}$$

由于工程上常把电网电压波动 $\pm 10\%$ 作为极限条件，因此也有将此时输出电压的相对变化 $\dfrac{\Delta U_o}{U_o}$ 作为衡量指标，称为电压调整率。

（5）纹波电压。纹波电压是指在额定负载条件下，输出电压中所含交流分量的有效值（峰值）。

（6）半波整流的输出电压 $U_半$。

$$U_半 = \frac{\sqrt{2}}{\pi}U_i = 0.45U_i$$

（7）桥式整流（全波）的输出电压 $U_全$。

$$U_全 = \frac{2\sqrt{2}}{\pi}U_i = 0.9U_i$$

三、实验设备与器件

（1）电工电子电拖实验装置。
（2）数字万用表或毫伏表。
（3）双踪示波器。

四、实验内容

1. 整流电路的研究

（1）在电路板上分别按照图 2.13.2、图 2.13.3 连接成半波整流、桥式整流电路。
（2）分别测试 U_i、U_L 电压值，观察记录波形，并将 U_L 测试值与理论值进行比较。
（3）分别记录半波整流和桥式整流的波形，并进行比较。

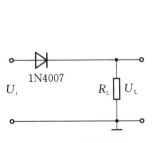

图 2.13.2　半波整流电路

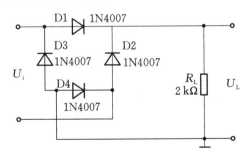

图 2.13.3　桥式整流电路

2. 滤波电路的研究

（1）在电路板上按照图 2.13.4 连接成电容滤波电路。

（2）分别用不同电容接入电路，测试 U_i、U_L，观察记录波形，并将 U_L 测试值与经验值进行比较。电容滤波器输出电压 U_L 经验值为 $U_L = 1.2U_i$。

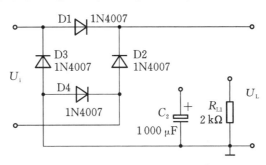

图 2.13.4　电容滤波电路

（3）在电路板上，还可把滤波电路分别接成电感滤波、LC 滤波（电感电容滤波）、π 型滤波电路，试自行连接电路并测试、分析这些电路的特点。

3. 稳压电路的研究

（1）在电路板上按照图 2.13.1 连接电路。

（2）检查无误后，输入低压交流电源。

（3）调节 R_{P1}，使稳压器输出电压为 12 V，测量 V1、V2、V3 管的电压参数。

（4）调试输出电压的调节范围，即调节 R_{P1}，观察测量输出电压 U_o 的变化情况，记录其最大值和最小值。

（5）动态测量。将图 2.13.1 中的桥式整流电路撤去，再将实验台上可调稳压电源调到 20 V，按极性接入电容 C_1 的两端，调节 R_{P1}，使 $U_i = 12$ V。

① 测量电源稳压特性。

不接负载 R_L，使稳压器空载，输出 12 V 电压。调节实验台上的可调直流稳压电源的电位器，模拟电网电压波动 ±10%，即输入电压 U_i 由 18 V 变到 22 V，测量出输入电压、输出电压的变化量，根据计算公式计算稳压系数 S。S 的计算公式为

$$S = \left| \frac{\dfrac{\Delta U_o}{U_o}}{\dfrac{\Delta U_i}{U_i}} \right|_{\Delta I_o = 0}$$

通常稳压电源的 S 一般为 $10^{-2} \sim 10^{-4}$。

② 测量稳压器的内阻。

首先使稳压器的输出空载，测量输出电压 U_o，然后接 510 Ω 负载电阻，再测量此时负载电阻两端的电压 U_L 和流过负载的电流 I_L，测量出输出电压 U_o 的变化量，即可求出稳压电源内阻 R_o。注意，在测量的过程中，要保持 $U_i = 20$ V 稳定不变。R_o 的计算公式为

$$R_o = \left| \frac{\Delta U_L}{\Delta I_L} \times 100\% \right|_{\Delta U_i = 0}$$

③ 测量纹波电压。

撤去可调直流稳压电源，恢复图 2.13.1 电路，在负载电流 $I_L = 240$ mA 的条件下，用示

波器观察稳压器输出中的交流分量 U_L 及频率,描绘其波形;用毫伏表测量交流分量电压值(有效值)。

五、实验报告要求

(1)整理实验数据,画出电路图,计算测量结果。

(2)总结桥式整流、电容滤波电路的特点。

(3)分析实验中出现的故障及排除方法。

第 3 部分

数字电子技术实验

一、实验目的

（1）掌握 TTL 与非门、与或门和异或门输入与输出之间的逻辑关系。

（2）熟悉 TTL 中小规模集成电路的外形、管脚和使用方法。

二、实验所用器件

（1）1 片二输入四与非门 74LS00。

（2）1 片二输入四或非门 74LS28。

（3）1 片二输入四异或门 74LS86。

三、实验内容

（1）测试二输入四与非门 74LS00 一个与非门的输入和输出之间的逻辑关系。

（2）测试二输入四或非门 74LS28 一个或非门的输入和输出之间的逻辑关系。

（3）测试二输入四异或门 74LS86 一个异或门的输入和输出之间的逻辑关系。

四、实验提示

（1）将被测器件插入实验箱上的 14 脚插座中。

（2）将器件的引脚 7 与实验箱的地（GND）连接，将器件的引脚 14 与实验箱的＋5 V 连接。

（3）用实验箱的逻辑开关输出作为被测器件的输入；按入或弹出逻辑开关，则改变器件的输入电平。

（4）将被测器件的输出引脚与实验箱上的逻辑状态显示灯连接，逻辑状态显示灯亮红色表示输出电平为 1，逻辑状态显示灯亮绿色表示输出电平为 0。

五、实验接线图及实验结果

74LS00 中包含 4 个二与非门，74LS28 中包含 4 个二或非门，74LS86 中包含 4 个二异或门，下面各画出测试第一个逻辑门逻辑关系的接线图及测试结果。测试其他逻辑门时的接线图与之类似。测试时各器件的引脚 7 接地，引脚 14 接＋5 V。图 3.1.1～图 3.1.3 中的

K1、K2 是逻辑开关输出,LED0 是逻辑状态显示灯。

（1）测试 74LS00 逻辑关系的接线图如图 3.1.1 所示,将测试结果填入表 3.1.1 中。

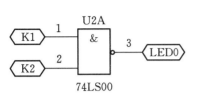

表 3.1.1　74LS00 真值表

输　　入		输　　出
引脚 1	引脚 2	引脚 3
0	0	
0	1	
1	0	
1	1	

图 3.1.1　测试 74LS00 逻辑关系的接线图

（2）测试 74LS28 逻辑关系的接线图如图 3.1.2 所示,将测试结果填入表 3.1.2 中。

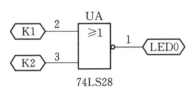

表 3.1.2　74LS28 真值表

输　　入		输　　出
引脚 2	引脚 3	引脚 1
0	0	
0	1	
1	0	
1	1	

图 3.1.2　测试 74LS28 逻辑关系的接线图

（3）测试 74LS86 逻辑关系的接线图如图 3.1.3 所示,将测试结果填入表 3.1.3 中。

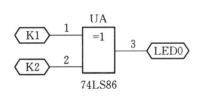

表 3.1.3　74LS86 真值表

输　　入		输　　出
引脚 1	引脚 2	引脚 3
0	0	
0	1	
1	0	
1	1	

图 3.1.3　测试 74LS86 逻辑关系的接线图

六、实验报告

整理实验结果,并分别测试各逻辑器件另三个门的逻辑关系,记录结果。

实验 3.2　TTL、HC 和 HCT 器件的参数测试

一、实验目的

(1) 掌握 TTL、HC 和 HCT 器件的传输特性。
(2) 熟悉毫伏表的使用方法。

二、实验所用器件和仪表

(1) 1 片六反相器 74LS04。
(2) 1 片六反相器 74HC04。
(3) 1 片六反相器 74HCT04。
(4) 毫伏表。

三、实验说明

非门的输出电压 U_o 与输入电压 U_i 的关系 $U_o = f(U_i)$ 叫作电压传输特性,也叫作电压转移特性。它可以用一条曲线(叫作电压传输特性曲线)来表示。根据电压传输特性曲线可以求出非门的下列参数。

(1) 输出高电平(U_{oH})。
(2) 输出低电平(U_{oL})。
(3) 输入高电平(U_{iH})。
(4) 输入低电平(U_{iL})。
(5) 门槛电平(U_T)。

四、实验内容

(1) 测试 TTL 器件 74LS04 一个非门的传输特性。
(2) 测试 HC 器件 74HC04 一个非门的传输特性。
(3) 测试 HCT 器件 74HCT04 一个非门的传输特性。

五、实验提示

(1) 被测器件的引脚 7 和引脚 14 分别接地和 +5 V。
(2) 将实验箱上直流信号源的输出作为被测非门的输入电压,旋转电位器改变非门的输入电压值。
(3) 按步长 0.2 V 调整率改变非门的输入电压。首先用毫伏表监视非门输入电压,调好输入电压后,再用毫伏表测量非门的输出电压,并记录下来。

六、实验接线图及实验结果

（1）实验接线图。由于74LS04、74HC04和74HCT04的逻辑功能相同,因此三个实验的接线图是一样的。下面以第一个逻辑门为例,画出实验接线图如图3.2.1所示。图中U_i表示非门输入电压,毫伏表指示电压测试点。

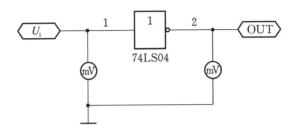

图3.2.1 实验3.2接线图

（2）将输出无负载时74LS04、74HC04、74HCT04电压传输特性测试数据填入表3.2.1中。

表3.2.1 74LS04、74HC04、74HCT04电压传输特性测试数据

U_i/V	U_o/V		
	74LS04	74HC04	74HCT04
0.0			
0.2			
0.4			
0.6			
0.8			
1.0			
1.2			
1.4			
1.6			
1.8			
2.0			
2.2			
2.4			
2.6			
2.8			
3.0			
3.2			
3.4			
3.6			
3.8			

续表

U_i/V	U_o/V		
	74LS04	74HC04	74HCT04
4.0			
4.2			
4.4			
4.6			
4.8			
5.0			

（3）画出输出无负载时 74LS04、74HC04 和 74HCT04 电压传输特性曲线，并进行比较。

七、实验报告

认真观察实验现象，整理实验结果。

◀ 实验 3.3 三态门实验 ▶

一、实验目的

(1) 掌握三态门逻辑功能和使用方法。

(2) 掌握三态门构成总线的特点和方法。

(3) 初步学会用示波器测量简单的数字波形。

二、实验所用器件和仪表

(1) 1 片二输入四与非门 74LS00。

(2) 1 片三态输出的四总线缓冲门 74LS125。

(3) 毫伏表。

(4) 示波器。

三、实验内容

(1) 74LS125 三态门的输出负载为 74LS00 的一个与非门输入。74LS00 同一个与非门的另一个输入端接低电平,测试 74LS125 三态门三态输出、高电平输出、低电平输出的电压值,同时测试 74LS125 三态输出时 74LS00 的输出值。

(2) 74LS125 三态输出负载为 74LS00 的一个与非门输入。74LS00 同一个与非门的另一个输入端接高电平,测试 74LS125 三态门三态输出、高电平输出、低电平输出的电压值,同时测试 74LS125 三态输出时 74LS00 的输出值。

(3) 用 74LS125 两个三态门输出构成一条总线,使两个控制端一个为低电平,另一个为高电平,一个三态门的输入接 100 kHz 信号,另一个三态门的输入接 10 kHz 信号,用示波器观察三态门的输出。

四、实验提示

(1) 三态门 74LS125 的控制端 EN 为低电平有效。

(2) 用实验板上的逻辑开关输出作为被测器件的输入;按入或弹出逻辑开关,则改变器件的输入电平。

五、实验接线图和实验结果

(1) 实验内容(1)和实验内容(2)的接线图如图 3.3.1 所示。

图 3.3.1 中 K1、K2 和 K3 是逻辑开关输出,毫伏表指示电压测量点。按下或弹起逻辑开关 K3、K2、K1,则改变 74LS00 一个与非门输入端、74LS125 三态门控制端、三态门输入端的电平。

(2) 当 74LS00 引脚 2 为低电平时,测试 74LS125 引脚 3 和 74LS00 引脚 3,并填写

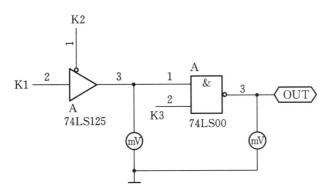

图 3.3.1　实验内容(1)和实验内容(2)的接线图

结果。

三态门输出高电平：_____ V。

三态门输出低电平：_____ V。

三态门高阻输出：_____ V。

74LS00 引脚 3 输出：_____ V。

（3）当 74LS00 引脚 2 为高电平时，测试 74LS125 引脚 3 和 74LS00 引脚 3，并填写结果。

三态门输出高电平：_____ V。

三态门输出低电平：_____ V。

三态门高阻输出：_____ V。

74LS00 引脚 3 输出：_____ V。

（4）用三态门构成总线接线图如图 3.3.2 所示。

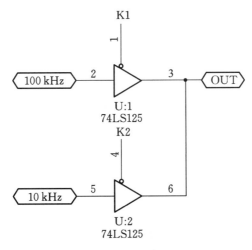

图 3.3.2　用三态门构成总线接线图

用三态门 74LS125 构成总线时，只要将三态门输出并联即可，在任何时刻，构成总线的三态门中只允许一个控制端为低电平，其余控制端均为高电平。在图 3.3.2 中，K1、K2 是逻辑开关输出。当 K1 为高电平、K2 为低电平时，OUT 输出为 10 kHz；当 K2 为高电平、K1 为低电平时，OUT 输出为 100 kHz。

（5）实验内容（1）和实验内容（2）中三态门三态输出电压之所以不同，是因为在三态输出作为 74LS00 输入的情况下，74LS00 的这个输入端相当于悬空，这个输入端的电压与此与非门的另一端输入端电压有关。因此，在同一个与非门的一个输入端接低电平时，与非门的另一个悬空输入端（三态输出）受到低电压钳制，电压值为 0.38 V；在与非门的一个输入端接高电平时，另一个悬空输入端（三态输出）不受钳制，电压值为 1.50 V。

六、实验报告

认真观察实验现象，整理实验结果。

◀ 实验 3.4　数据选择器和译码器 ▶

一、实验目的

(1) 熟悉数据选择器的逻辑功能。
(2) 熟悉译码器的逻辑功能。

二、实验所用器件和仪表

(1) 1 片双 4 选 1 数据选择器 74LS153。
(2) 1 片双 2-4 线译码器 74LS139。
(3) 毫伏表。
(4) 示波器。

三、实验内容

(1) 测试 74LS153 中一个 4 选 1 数据选择器的逻辑功能。

4 个数据输入引脚 1C0～1C3 分别接实验板上的 4 个固定脉冲信号源(10 kHz、1 kHz、500 Hz、2 Hz),改变数据选择器引脚 A、B 和使能引脚 G_1 的电平,产生 8 种不同的组合,观测每种组合下数据选择器的输出波形。

(2) 测试 74LS139 中一个 2-4 线译码器的逻辑功能。

4 个译码输出引脚 Y0～Y3 接逻辑状态指示灯,改变引脚 G、B、A 的电平,产生 4 种组合,观测并记录指示灯的显示状态。

四、实验接线图及实验结果

(1) 按 74LS153 实验接线图(见图 3.4.1)接线,写出 74LS153 真值表(见表 3.4.1)。在图 3.4.1 中,K1、K2、K3 是逻辑开关输出。

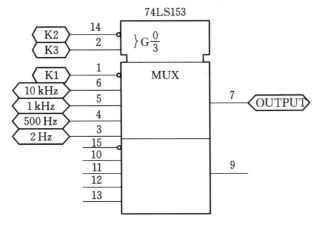

图 3.4.1　74LS153 实验接线图

表 3.4.1　74LS153 真值表

选 择 输 入		数 据 输 入				选 通	输 出
B	A	C0	C1	C2	C3	G	Y
×	×	×	×	×	×	1	
0	0	0	×	×	×	0	
0	0	1	×	×	×	0	
0	1	×	0	×	×	0	
0	1	×	1	×	×	0	
1	0	×	×	0	×	0	
1	0	×	×	1	×	0	
1	1	×	×	×	0	0	
1	1	×	×	×	1	0	

（2）按 74LS139 实验接线图（见图 3.4.2）接线，写出 74LS139 真值表（见表 3.4.2）。

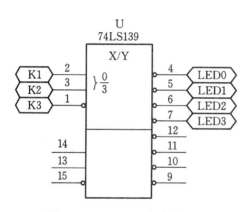

图 3.4.2　74LS139 实验接线图

表 3.4.2　74LS139 真值表

输 入 端			输 出 端			
允许 G	选择					
	B	A	Y0	Y1	Y2	Y3
1	×	×				
0	1	1				
0	0	1				
0	1	0				
0	1	1				

图 3.4.2 中，K1、K2、K3 是逻辑开关输出，LED0、LED1、LED2、LED3 是逻辑状态指示灯。

（3）74LS139 和 74LS153 的引脚 G 用于控制输出。在 74LS153 中，当 G 为高电平时，禁止输出，输出为低电平；当 G 为低电平时，允许输出，由数据选择端 B、A 决定 C0、C1、C2、C3 中的哪种数据送往数据输出端 Y。在 74LS139 中，当 G 为高电平时，禁止输出，所有输出 Y0、Y1、Y2、Y3 为高电平；当 G 为低电平时，允许输出，由数据选择端 B、A 决定输出 Y0、Y1、Y2、Y3 中的哪路数据为低电平。

五、实验报告

认真观测实验现象，整理实验结果。

◀ 实验 3.5　全加器构成及测试 ▶

一、实验目的

（1）了解全加器的实现方法。
（2）掌握全加器的逻辑功能。

二、实验所用器件

（1）2 片 4 路 2-3-3-2 输入与或非门 74LS54。
（2）1 片六反相器 74LS04。

三、实验内容

（1）用 2 片 74LS54 和 2 片 74LS04 组成图 3.5.1 所示逻辑电路。

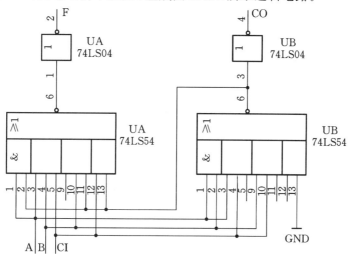

图 3.5.1　全加器

（2）将 A、B、CI 接逻辑开关输出，将 F、CO 接逻辑状态显示灯。
（3）按下或弹起逻辑开关，产生 A、B、CI 的 8 种组合，观测并记录 F 和 CO 的值。

四、实验提示

对与或非门而言，如果一个与门中的一条或几条输入引脚不被使用，则需将它们接高电平；如果一个与门不被使用，则需将此与门的至少一条输入引脚接低电平。

五、实验接线图、真值表和逻辑表达式

（1）实验接线图。
图 3.5.2 所示是用 2 片 4 路 2-3-3-2 输入与或非门 74LS54 和 2 片六反相器 74LS04 组

成的全加器接线图。图中 K1、K2、K3 是逻辑开关输出,LED0、LED1 是逻辑状态指示灯。

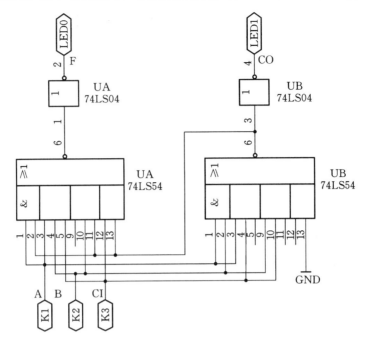

图 3.5.2　全加器接线图

（2）全加器真值表。

进行实验,完成全加器真值表(见表 3.5.1)填写。

表 3.5.1　全加器真值表

输　　入			输　　出	
A	B	CI	F	CO
0	0	0		
0	0	1		
0	1	0		
0	1	1		
1	0	0		
1	0	1		
1	1	0		
1	1	1		

（3）全加器逻辑表达式。

$$CO = \overline{A} \cdot B \cdot CI + A \cdot \overline{B} \cdot CI + A \cdot B \cdot \overline{CI} + A \cdot B \cdot CI$$
$$= A \cdot B + A \cdot CI + B \cdot CI$$
$$\overline{CO} = \overline{A} \cdot \overline{B} \cdot \overline{CI} + \overline{A} \cdot \overline{B} \cdot CI + \overline{A} \cdot B \cdot \overline{CI} + A \cdot \overline{B} \cdot \overline{CI}$$
$$= \overline{A} \cdot \overline{B} + \overline{A} \cdot \overline{CI} + \overline{B} \cdot \overline{CI}$$

$$F = A \cdot \overline{B} \cdot \overline{CI} + \overline{A} \cdot B \cdot \overline{CI} + \overline{A} \cdot \overline{B} \cdot CI + A \cdot B \cdot CI$$
$$= A \cdot \overline{CO} + B \cdot \overline{CO} + C \cdot \overline{CO} + A \cdot B \cdot CI$$

六、实验报告

（1）将全加器的测试结果填入全加器真值表中。

（2）由全加器真值表中的结果总结全加器的逻辑功能。

（3）体会本次实验构成全加器的方法。

◀ 实验 3.6　触发器实验 ▶

一、实验目的

(1) 掌握 RS 触发器、D 触发器、JK 触发器的工作原理。

(2) 学会正确使用 RS 触发器、D 触发器、JK 触发器。

二、实验所用器件和设备

(1) 1 片二输入四与非门 74LS00。

(2) 1 片双 D 触发器 74LS74。

(3) 1 片双 JK 触发器 74LS73。

三、实验内容

(1) 用 74LS00 构成一个 RS 触发器，$\overline{R}$、$\overline{S}$ 端接逻辑开关输出，$\overline{Q}$、Q 端接逻辑状态指示灯，改变 $\overline{R}$、$\overline{S}$ 的电平，观察现象并记录 $\overline{Q}$、Q 的值。

(2) 双 D 触发器 74LS74 中一个触发器功能测试。

① 将 CLR(复位)、RP(置位)引脚接实验板上逻辑开关输出，$\overline{Q}$、Q 引脚接逻辑状态显示灯，改变 CLR、RP 的电平，观察现象并记录 $\overline{Q}$、Q 的值。

② 在步骤①的基础上，置 CLR、RP 引脚为高电平，D(数据)引脚接逻辑开关输出，CK(时钟)引脚接单次脉冲。在 D 分别为高电平和低电平的情况下，按单脉冲按钮，观察现象并记录 $\overline{Q}$、Q 的值。

③ 在步骤①的基础上，将 D 引脚接 1 kHz 脉冲源，CK 引脚接 10 kHz 脉冲源，用示波器同时观察 D 端和 CK 端的波形并记录，同时观察 D 端、Q 端的波形并记录，分析原因。

(3) 制定对双 JK 触发器 74LS73 一个 JK 触发器测试的方案，并进行测试。

四、实验提示

74LS73 引脚 11 是 GND，引脚 4 是 U_{CC}。

五、实验接线图、测试步骤及测试结果

(1) 实验内容(1)的接线图、测试步骤、测试结果。

图 3.6.1 所示是 RS 触发器测试图，图中 K1、K2 是逻辑开关输出，LED0、LED1 是逻辑状态指示灯。

对 RS 触发器进行测试，并填写 RS 触发器的测试结果。

① $\overline{R}$＝0，$\overline{S}$＝1，测得 $\overline{Q}$＝_____，Q＝_____。

② $\overline{R}$＝1，$\overline{S}$＝1，测得 $\overline{Q}$＝_____，Q＝_____。

③ $\overline{R}$＝1，$\overline{S}$＝0，测得 $\overline{Q}$＝_____，Q＝_____。

④ $\overline{R}=1,\overline{S}=1$,测得 $\overline{Q}=$＿＿＿＿,$Q=$＿＿＿＿。

⑤ $\overline{R}=0,\overline{S}=0$,测得 $\overline{Q}=$＿＿＿＿,$Q=$＿＿＿＿。

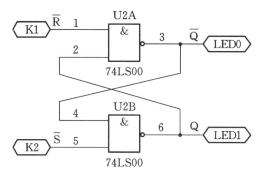

图 3.6.1 RS 触发器测试图

时序电路的值与测试顺序有关,应引起注意。根据测试结果填写 RS 触发器的真值表（见表 3.6.1）。

根据触发器的定义,$\overline{Q}$ 和 Q 应互补,因此 $\overline{R}=0,\overline{S}=0$ 是非法状态。

表 3.6.1 RS 触发器真值表

输　　　入		输　　　出	
$\overline{R}$	$\overline{S}$	$\overline{Q}$	Q
0	0		
0	1		
1	0		
1	1		

（2）实验内容（2）接线图、测试步骤、测试结果。

图 3.6.2 和图 3.6.3 所示是测试双 D 触发器 74LS74 的接线图。图中 K1、K2、K3 是逻辑开关输出,LED1、LED2 是逻辑状态指示灯,AK1 是单脉冲按钮,1 kHz、10 kHz 是时钟脉冲源。

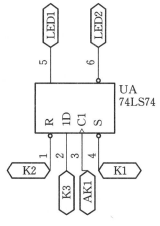

图 3.6.2 74LS74 测试图（一）

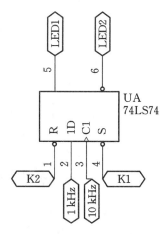

图 3.6.3 74LS74 测试图（二）

由图 3.6.2 写出测试结果。

① CLR＝0,PR＝1,测得 $\overline{Q}=$＿＿＿＿, Q＝＿＿＿＿。

② CLR＝1,PR＝1,测得 $\overline{Q}=$＿＿＿＿, Q＝＿＿＿＿。

③ CLR＝1,PR＝0,测得 $\overline{Q}=$＿＿＿＿, Q＝＿＿＿＿。

④ CLR＝1,PR＝1,测得 $\overline{Q}=$＿＿＿＿, Q＝＿＿＿＿。

⑤ CLR＝0,PR＝0,测得 $\overline{Q}=$＿＿＿＿, Q＝＿＿＿＿。

⑥ CLR＝1,PR＝1,D＝1,CK 接单脉冲,按单脉冲按钮,测得 $\overline{Q}=$＿＿＿＿,Q＝＿＿＿＿。

⑦ CLR＝1,PR＝1,D＝0,CK 接单脉冲,按单脉冲按钮,测得 $\overline{Q}=$＿＿＿＿,Q＝＿＿＿＿。

⑧ 由图 3.6.3,CLR＝1,PR＝1,D 接 1 kHz 脉冲,CK 接 10 kHz,画出测得 D 端、Q 端波形。

⑨ 在示波器上同时观测 Q、CK 的波形,得到结论 Q 的波形只＿＿＿＿才发生变化。

⑩ 根据上述测试,得出双 D 触发器 74LS74 的真值表如表 3.6.2 所示。

表 3.6.2　74LS74 真值表

输　　入				输　　出	
RP	CLR	CLK	D	Q	$\overline{Q}$
0	1	×	×		
1	0	×	×		
0	0	×	×		
1	1	↑	1		
1	1	↑	0		
1	1	0	×		

(3) 双 JK 触发器 74LS73 中一个触发器的功能测试方案。

① 74LS73 测试图如图 3.6.4 和图 3.6.5 所示。图中 K1、K2、K3 是逻辑开关输出,LED0、LED1 是逻辑状态指示灯,AK1 是单脉冲按钮,100 kHz 是时钟脉冲源。74LS73 引脚 4 接＋5 V,引脚 11 接地。

② 由图 3.6.4,CLR＝0,测得 $\overline{Q}=$＿＿＿＿, Q＝＿＿＿＿。

③ CLR＝1,J＝0,K＝0,按单脉冲按钮 AK1,测得 $\overline{Q}=$＿＿＿＿, Q＝＿＿＿＿。

④ CLR＝1,J＝1,K＝0,按单脉冲按钮 AK1,测得 $\overline{Q}=$＿＿＿＿, Q＝＿＿＿＿。

⑤ CLR＝1,J＝0,K＝0,按单脉冲按钮 AK1,测得 $\overline{Q}=$＿＿＿＿, Q＝＿＿＿＿。

⑥ CLR＝1,J＝0,K＝1,按单脉冲按钮 AK1,测得 $\overline{Q}=$＿＿＿＿, Q＝＿＿＿＿。

⑦ CLR＝1,J＝0,K＝0,按单脉冲按钮 AK1,测得 $\overline{Q}=$＿＿＿＿, Q＝＿＿＿＿。

⑧ CLR＝1,J＝1,K＝1,按单脉冲按钮 AK1,测得 $\overline{Q}=$＿＿＿＿, Q＝＿＿＿＿;再按单脉冲按钮 AK1,测得 $\overline{Q}=$＿＿＿＿, Q＝＿＿＿＿。

⑨ 由图 3.6.5,CLR＝1,J＝1,K＝1,CK 接 100 kHz 时钟脉冲源,画出示波器显示出的

波形。

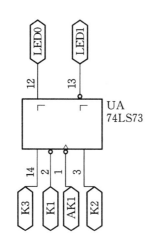

图 3.6.4　74LS73 测试图（一）

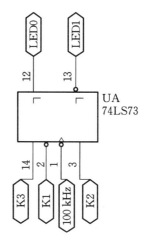

图 3.6.5　74LS73 测试图（二）

⑩ 根据以上的测试,得出 74LS73 真值表如表 3.6.3 所示。

表 3.6.3　74LS73 真值表

输　　　入				输　　出	
CLR	CK	J	K	Q	$\overline{Q}$
0	×	×	×		
1	↓	0	0		
1	↓	0	1		
1	↓	1	0		
1	↓	1	1		
1	↓	×	×		

六、实验报告

认真观察实验现象,整理实验结果。

◀ 实验 3.7　简单时序电路 ▶

一、实验目的

掌握简单时序电路的分析、设计、测试方法。

二、实验所用器件和仪表

(1) 2 片双 JK 触发器 74LS73。
(2) 2 片双 D 触发器 74LS74。
(3) 1 片二输入四与非门 74LS00。
(4) 1 台示波器。

三、实验内容

(1) 双 D 触发器 74LS74 构成的二进制计数器(分频器)。
① 按图 3.7.1 接线,CLR 接逻辑开关输出,LED 接逻辑状态指示灯。

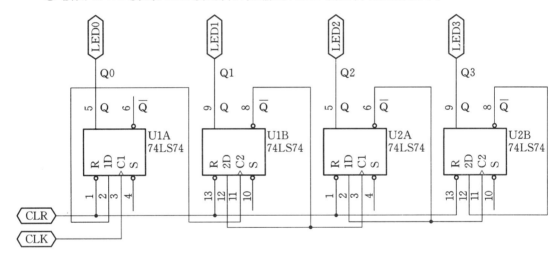

图 3.7.1　双 D 触发器 74LS74 构成的二进制计数器

② 使 CLR＝0,将 Q0、Q1、Q2、Q3 复位。
③ 由 CLK 端输入单脉冲,测试并记录 Q0、Q1、Q2、Q3 的状态。
④ 由 CLK 端输入连续脉冲,观察 Q0、Q1、Q2、Q3 的波形。
(2) 用 2 片 74LS73 构成一个二进制计数器,重做实验内容(1)的实验。
(3) 异步十进制计数器。
① 按图 3.7.2 构成一个异步十进制计数器,CLR 接逻辑开关输出,LED 接逻辑状态指示灯。
② 将 Q0、Q1、Q2、Q3 复位。
③ 由时钟端 CLK 输入单脉冲,测试并记录 Q0、Q1、Q2、Q3 的状态。

④ 由时钟端 CLK 输入连续脉冲,观察 Q0、Q1、Q2、Q3 的波形。

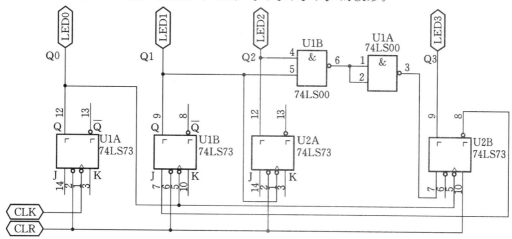

图 3.7.2 异步十进制计数器

(4) 自循环计数器。

① 用双 D 触发器 74LS74 构成一个四位自循环计数器。方法是:第一级的 Q 端接第二级的 D 端,依次类推,最后一级第四级的 Q 端接第一级的 D 端;四个 D 触发器的 CLK 端连接在一起,然后接单脉冲时钟。

② 将触发器 Q0 置 1,将 Q1、Q2、Q3 清零。按单脉冲按钮,观察并记录 Q0、Q1、Q2、Q3 的值。

四、实验提示

(1) 74LS73 引脚 11 是 GND,引脚 4 是 U_{CC}。

(2) 双 D 触发器 74LS74 是上升沿触发,双 JK 触发器 74LS73 是下降沿触发。

五、实验接线及测试结果

1. 实验内容(1)接线图及测试结果

(1) 接线图如图 3.7.3 所示。

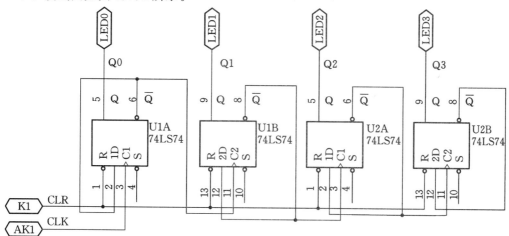

图 3.7.3 用 74LS74 构成二进制计数器接线图

图中,K1 是逻辑开关输出,AK1 是单脉冲按钮,LED0、LED1、LED2、LED3 是逻辑状态指示灯。

(2) 置 K1 为低电平,四个逻辑状态指示灯为绿色,表示 Q3Q2Q1Q0 为 0000。

(3) 置 K1 为高电平,按单脉冲按钮 AK1,将 Q3、Q2、Q1、Q0 值的变化写入表 3.7.1 中。

表 3.7.1　实验 3.7 实验内容(1)数据记录表

Q3	Q2	Q1	Q0

(4) 将 CLK 端改接 100 kHz 连续脉冲信号,用示波器观察 Q0、Q1、Q2、Q3 的波形,画出在连续脉冲信号下 Q0、Q1、Q2、Q3 的波形图。

(5) $\overline{Q}0$、$\overline{Q}1$、$\overline{Q}2$、$\overline{Q}3$ 也构成一个计数器,$\overline{Q}3$ 是最高位,$\overline{Q}0$ 是最低位,这是一个递减计数器。

2. 实验内容(2)接线图及测试结果

(1) 实验内容(2)接线图如图 3.7.4 所示。

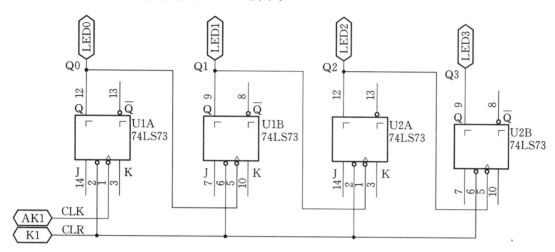

图 3.7.4 用 74LS73 构成二进制计数器接线图

图中,K1 是逻辑开关输出,AK1 是单脉冲按钮,LED0、LED1、LED2、LED3 是逻辑状态指示灯。

(2) 置 K1 为低电平,四个逻辑状态指示灯为绿色,表示 Q3Q2Q1Q0 为 0000。

(3) 置 K1 为高电平,按单脉冲按钮 AK1,将 Q3、Q2、Q1、Q0 的变化写入表 3.7.2 中。

表 3.7.2 实验 3.7 实验内容(2)数据记录表

Q3	Q2	Q1	Q0

（4）将 CLK 端改接 100 kHz 连续脉冲信号，用示波器观察 Q0、Q1、Q2、Q3 的波形，画出在连续脉冲信号下 Q0、Q1、Q2、Q3 的波形图。

3. 异步十进制计数器接线图及测试结果

（1）接线图如图 3.7.5 所示。

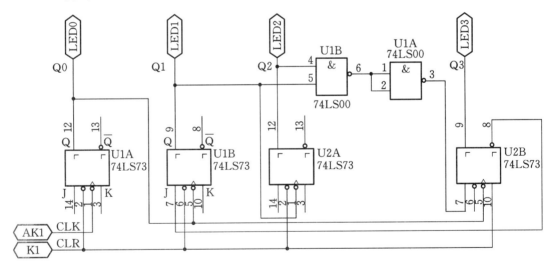

图 3.7.5　异步十进制计数器接线图

图中，K1 是逻辑开关输出，AK1 是单脉冲按钮，LED0、LED1、LED2、LED3 是逻辑状态指示灯。

（2）置 K1 为低电平，四个逻辑状态指示灯为绿色，表示 Q3Q2Q1Q0 为 0000。

（3）置 K1 为高电平，按单脉冲按钮 AK1，将 Q3、Q2、Q1、Q0 的变化写入表 3.7.3 中。

表 3.7.3 实验 3.7 实验内容(3)数据记录表

Q3	Q2	Q1	Q0

(4) 将 CLK 端改接 100 kHz 连续脉冲信号,用示波器观察 Q0、Q1、Q2、Q3 的波形,画出在连续脉冲信号下 Q0、Q1、Q2、Q3 的波形图。

4. 自循环计数器接线图及测试结果

（1）接线图如图3.7.6所示。

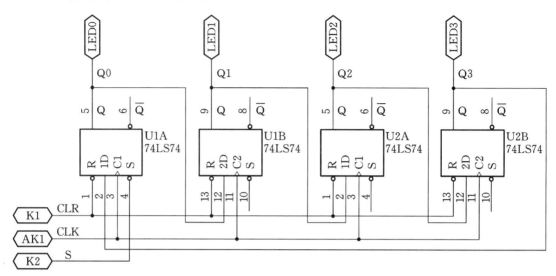

图 3.7.6　自循环计数器接线图

图中，K1、K2是逻辑开关输出，AK1是单脉冲按钮，LED0、LED1、LED2、LED3是逻辑状态指示灯。

（2）置K1为低电平、K2为高电平，四个逻辑状态指示灯亮绿色，表示 Q3Q2Q1Q0 为 0000。

（3）置K1为高电平、K2为低电平，LED0灯亮红色，其他亮绿色，表示 Q3Q2Q1Q0 为 0001。

（4）置K1、K2为高电平，按单脉冲按钮AK1，将Q3、Q2、Q1、Q0值的变化写入表3.7.4中。

表 3.7.4　实验 3.7 实验内容（4）数据记录表

Q3	Q2	Q1	Q0

（5）将CLK端改接100 kHz连续脉冲信号，用示波器观察Q0、Q1、Q2、Q3的波形，并画出在连续脉冲信号下 Q0、Q1、Q2、Q3 波形图。

六、实验报告

整理实验数据,分析各种计数器的波形图。

◀ 实验 3.8　计　数　器 ▶

一、实验目的

(1) 掌握计数器 74LS162 的功能。
(2) 掌握计数器的级联方法。
(3) 熟悉任意模计数器的构成方法。
(4) 熟悉数码管的使用。

二、实验所用器件和仪表

(1) 2 片同步 4 位十进制 BCD 计数器 74LS162。
(2) 1 片二输入四与非门 74LS00。
(3) 示波器。

三、实验说明

　　计数器是应用较广的器件之一。它有很多型号,各自完成不同的功能,可根据不同的需要选用。本实验选用 74LS162 作实验器件。74LS162 是十进制 BCD 同步计数器。CLK 是时钟输入端,上升沿触发计数触发器翻转。允许端 P 和 T 都为高电平时允许计数,允许端 T 为低电平时禁止 CARRY 产生。同步预置端 LOAD 加低电平时,在下一个时钟的上升沿将计数器置为预置数据端的值。清除端 CLEAR 为同步清除,低电平有效,在下一个时钟的上升沿将计数器复位为零。74LS162 的进位位 CARRY 在计数值等于 9 时为高电平,脉宽是 1 个时钟周期,可用于级联。

四、实验内容

　　(1) 用 1 片 74LS162 和 1 片 74LS00 采用复位法构成一个模 7 计数器。用单脉冲作计数时钟,观测计数状态,并记录。用连续脉冲作计数时钟,观测并记录 Q_D、Q_C、Q_B、Q_A 的波形。

　　(2) 用 1 片 74LS162 和 1 片 74LS00 采用置位法构成一个模 7 计数器。用单脉冲作计数时钟,观测并记录 Q_D、Q_C、Q_B、Q_A 的波形。

　　(3) 用 2 片 74LS162 和 1 片 74LS00 构成一个模 60 计数器。2 片 74LS162 的 Q_D、Q_C、Q_B、Q_A 分别接两个译码显示的 D、B、C、A 端。用单脉冲作计数时钟,观察数码管数字的变化,检验设计和接线是否正确。

五、实验接线及测试结果

1. 用复位法构成模 7 计数器的接线图及测试结果

(1) 用复位法构成模 7 计数器的接线图如图 3.8.1 所示。

　　图中,AK1 是单脉冲按钮,LED0、LED1、LED2 和 LED3 是逻辑状态指示灯,100 kHz

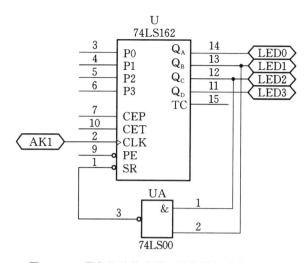

图 3.8.1 用复位法构成模 7 计数器的接线图（一）

是连续脉冲源。

（2）按单脉冲按钮 AK1，将 Q_D、Q_C、Q_B、Q_A 值的变化填入表 3.8.1 中。

表 3.8.1 用置位法构成的模 7 计数器状态转移表

Q_D	Q_C	Q_B	Q_A

（3）将时钟输入端 CLK 改接 100 kHz 连续脉冲信号（见图 3.8.2），用示波器观测 Q_D、Q_C、Q_B、Q_A，并画出在连续计数时钟下 Q_D、Q_C、Q_B 和 Q_A 的波形图。

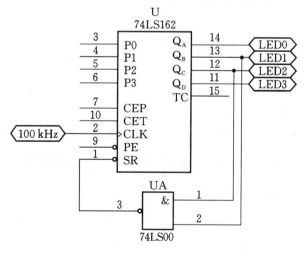

图 3.8.2 用复位法构成模 7 计数器的接线图（二）

2. 用置位法构成模 7 计数器的接线图及测试结果

（1）用置位法构成模 7 计数器的接线图如图 3.8.3 所示。

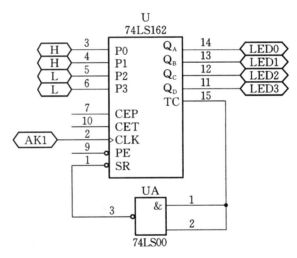

图 3.8.3　用置位法构成模 7 计数器的接线图（一）

图中，AK1 是单脉冲按钮，LED0、LED1、LED2 和 LED3 是逻辑状态指示灯，H、L 分别为高电平、低电平接逻辑开关输出，100 kHz 是连续脉冲源。

（2）按单脉冲按钮 AK1，将 Q_D、Q_C、Q_B、Q_A 值的变化填入表 3.8.2 中。

表 3.8.2　用置位法构成的模 7 计数器状态转移表

Q_D	Q_C	Q_B	Q_A

Q_D	Q_C	Q_B	Q_A

（3）将时钟输入端 CLK 改接 100 kHz 连续脉冲信号（见图 3.8.4），用示波器观测 Q_D、Q_C、Q_B、Q_A，并在连续计数时钟下画出 Q_A、Q_B、Q_C 和 Q_D 的波形图。

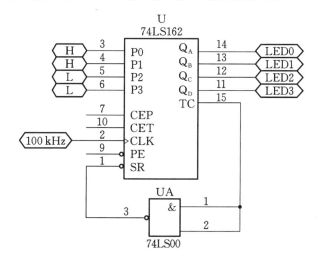

图 3.8.4 用置位法构成的模 7 计数器接线图（二）

3. 模 60 计数器接线图

（1）用复位法构成模 60 计数器的接线图如图 3.8.5 所示。

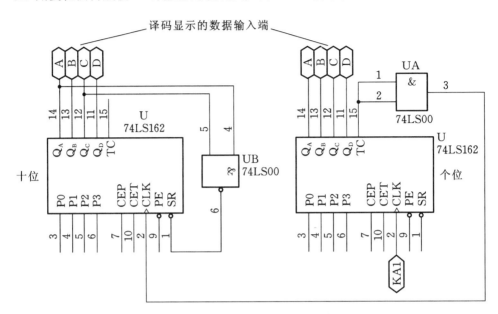

图 3.8.5　用复位法构成模 60 计数器的接线图

图中，A、B、C、D 是译码显示的数据输入端，AK1 是单脉冲按钮。

（2）用置位法构成模 60 计数器的接线图如图 3.8.6 所示。

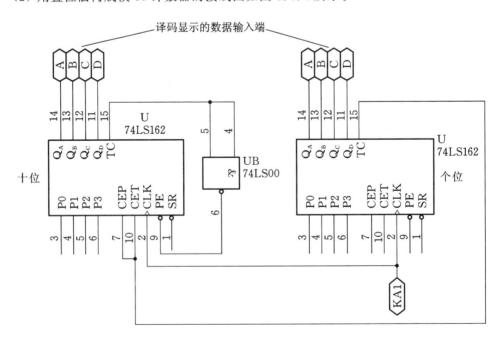

图 3.8.6　用置位法构成模 60 计数器的接线图

图中，A、B、C、D 是译码显示的数据输入端，AK1 是单脉冲按钮。

六、实验报告

（1）整理实验数据，分析实验波形。

（2）自拟 100 进制计数器实验内容及实验步骤。

实验 3.9　555 定时器及其应用

一、实验目的

（1）熟悉 555 定时器的结构、工作原理和特点。

（2）掌握 555 定时器的基本应用。

二、实验原理

集成定时器又称为 555 定时器或 555 电路,是一种数字、模拟混合型的中规模集成电路,应用十分广泛。它是一种产生时间延迟和多种脉冲信号的电路,其类型有双极型和 CMOS 型两大类,二者的结构与工作原理类似。几乎所有的双极型产品型号的最后三位数码都是 555 或 556,所有的 CMOS 型产品型号的最后四位数码都是 7555 或 7556,二者的逻辑功能和引脚排列完全相同,易于互换。555 和 7555 是单定时器,556 和 7556 是双定时器。双极型的电源电压 U_{CC}＝＋5～＋15 V,输出的最大电流可达 200 mA;CMOS 型的电源电压为＋3～＋18 V。

1. 555 电路的工作原理

555 电路内部框图如图 3.9.1 所示。它含有两个电压比较器、一个基本 RS 触发器、一个放电开关管 T。电压比较器的参考电压由三个 5 kΩ 的电阻器构成的分压器提供。它们使高电平比较器 A1 的同相输入端和低电平比较器 A2 的反相输入端的参考电平分别为 $\frac{2}{3}U_{CC}$ 和 $\frac{1}{3}U_{CC}$。A1 与 A2 的输出端控制基本 RS 触发器状态和放电开关管开关状态。555 电路引脚图如图 3.9.2 所示。当输入信号自引脚 6 输入并超过参考电压 $\frac{2}{3}U_{CC}$ 时,基本 RS 触发器复位,555 电路的输出端引脚 3 输出低电平,同时放电开关管导通。当输入信号自引脚 2 输入并低于 $\frac{1}{3}U_{CC}$ 时,基本 RS 触发器置位,555 电路的引脚 3 输出高电平,同时放电开关管截止。

$\overline{RD}$ 是复位端(引脚 4),当 $\overline{RD}$＝0 时,555 电路输出低电平。平时 $\overline{RD}$ 端开路或接 U_{CC}。VC 是控制电压端(引脚 5),平时输出 $\frac{2}{3}U_{CC}$ 作为电压比较器 A1 的参考电平,引脚 5 外接一个输入电压,即改变了电压比较器的参考电压,实现对输出的另一种控制,在不接外加电压时,通常接一个 0.01 μF 的电容器到地,起滤波作用,以消除外来的干扰,以确保参考电压的稳定。

图 3.9.1 中的 T 为放电开关管,当 T 导通时,给接于引脚 7 的电容器提供低阻放电通路。

555 定时器主要是与电阻、电容构成充放电电路,并由两个电压比较器来检测电容器上的电压,以确定输出电平的高低和放电开关管的通断。利用它可以构成从微秒到数十分钟的延时电路、单稳态触发器、多谐振荡器、施密特触发器等脉冲产生或波形变换电路。

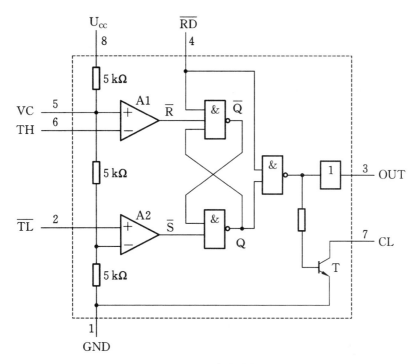

图 3.9.1　555 电路内部框图

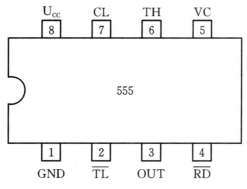

图 3.9.2　555 电路引脚图

2. 555 定时器的典型应用

（1）构成单稳态触发器。

由 555 定时器和外接元件 R、C 构成的单稳态触发器，稳态时 555 电路输入端处于电源电平状态下，内部放电开关管 T 导通，输出端为低电平，当有一个外部负脉冲触发信号经 C_1 加到引脚 2 并使引脚 2 电位瞬时低于 $\frac{2}{3}U_{CC}$ 时，低电平比较器动作，单稳态电路即开始一个暂态过程，电容 C 开始充电，U_C 按指数规律增长。当 U_C 充电到 $\frac{2}{3}U_{CC}$ 时，高电平比较器动作，比较器 A1 翻转，输出 U_o 从高电平返回低电平，放电开关管 T 重新导通，电容 C 上的电荷很快经放电开关管放电，暂态结束，恢复稳态。单稳态触发器电路图如图 3.9.3 所示，波形图如图 3.9.4 所示。

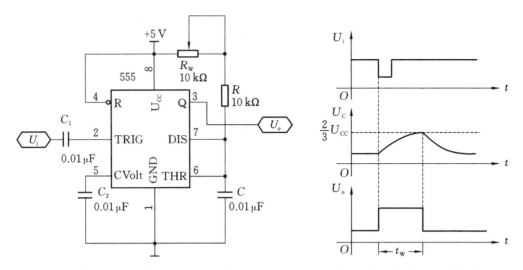

图 3.9.3 单稳态触发器电路图   图 3.9.4 单稳态触发器波形图

暂稳态的持续时间 T_w（即为延时时间）取决于外接元件 R、C 值的大小。$T_w = 1.1RC$。通过改变 R、C 的大小，可使延时时间在几个微秒到几十分钟之间变化。

（2）构成多谐振荡器。

多谐振荡器电路图、波形图如图 3.9.5 所示。它由 555 定时器和外接元件 R_1、R_2、C 构成。电路没有稳态，仅存在两个暂稳态，电路亦不需要外加触发信号，利用电源通过 R_1、R_2 向 C 充电，以及 C 通过 R_2 向放电端放电，使电路产生振荡。电容 C 在 $\frac{1}{3}U_{cc}$ 和 $\frac{2}{3}U_{cc}$ 之间充电和放电，输出信号的时间参数是

$$T = T_{w1} + T_{w2}, \quad T_{w1} = 0.7(R_1 + R_2)C, \quad T_{w2} = 0.7R_2C$$

一般要求 R_1 与 R_2 均应大于或等于 1 kΩ，且 $R_1 + R_2$ 应小于或等于 3.3 MΩ。

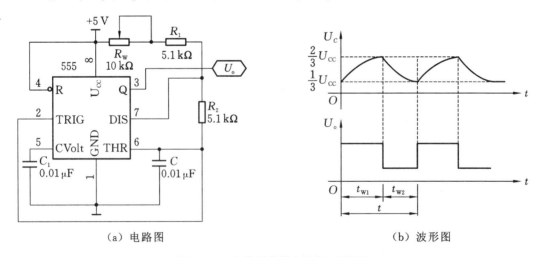

（a）电路图   （b）波形图

图 3.9.5 多谐振荡器电路图、波形图

（3）构成施密特触发器。

施密特触发器电路图如图 3.9.6 所示。

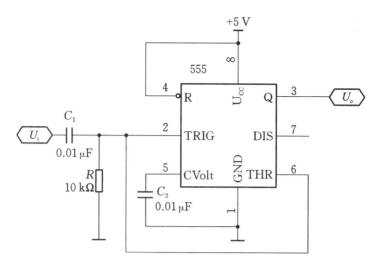

图 3.9.6 施密特触发器电路图

只要将 2、6 两引脚连在一起作为信号输入端,即得到施密特触发器。图 3.9.7(a)所示是 U_i 和 U_o 的波形变换图。U_i 是正弦波,经 C_1 加到 555 定时器的引脚 2 和引脚 6,当 U_i 波形上升到 $\frac{2}{3}U_{cc}$ 时,U_o 从高电平翻转为低电平;当 U_i 下降到了 $\frac{1}{3}U_{cc}$ 时,U_o 又从低电平翻转为高电平。其回差电压为

$$\Delta U = \frac{2}{3}U_{cc} - \frac{1}{3}U_{cc} = \frac{1}{3}U_{cc}$$

施密特触发器电压传输特性如图 3.9.7(b)所示。

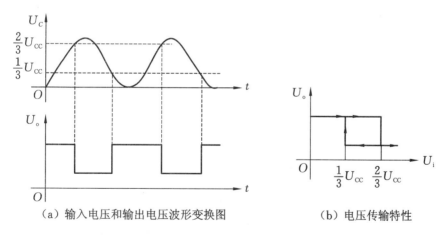

（a）输入电压和输出电压波形变换图　　　　（b）电压传输特性

图 3.9.7　施密特触发器输入电压和输出电压波形变换图及电压传输特性

三、实验所用器件和仪表

（1）1 台示波器。

（2）1 片 NE555。

四、实验内容

1. 单稳态触发器

(1) 按图 3.9.3 连线,取 $R=10\ k\Omega$,$C=0.1\ \mu F$,输入信号 U_i 为 1 kHz 的连续脉冲,用双踪示波器观测 U_i、U_C、U_o 波形,测量幅度与暂稳时间。

(2) 分别改变 R、C,观测 U_i、U_C、U_o 波形的变化,测量幅值及暂稳时间。

2. 多谐振荡器

(1) 按图 3.9.4 接线,用双踪示波器观测 U_C 与 U_o 的波形,测定振荡频率。

(2) 分别改变 R_1、R_2、C,观测波形及频率的变化。

3. 施密特触发器

按图 3.9.6 接线,输入信号由交直流信号源提供,U_i 的频率为 1 kHz,接通电源,顺时针调节幅值电位器,逐渐加大 U_i 的幅值,观测输出电压的波形,测绘电压传输特性,算出回差电压 ΔU。

五、实验报告

(1) 给出详细的实验线路图及观测到的波形。

(2) 分析、总结实验结果。

◢ 实验 3.10 A/D 转换器实验 ▶

一、实验目的

(1) 熟悉集成 A/D 转换器的工作原理、特性和使用方法。

(2) 掌握大规模集成 A/D 转换器的功能和典型应用。

二、实验原理

将模拟信号转换为数字信号的元件称为模/数转换器(A/D 转换器,简称 ADC)。完成这种转换的器件种类很多,特别是单片大规模集成 A/D 转换器为实现上述的转换提供了极大的方便。使用者借助手册提供的器件性能指标及典型应用电路,即可正确使用这些器件。本实验将采用大规模集成电路 ADC0809 实现 A/D 转换。

ADC0809 是一个带有 8 通道多路模拟开关、能与微处理器兼容的 8 位 A/D 转换器。它是单片 CMOS 器件,采用逐次逼近法进行转换。

图 3.10.1 所示是它的逻辑框图和引脚图。

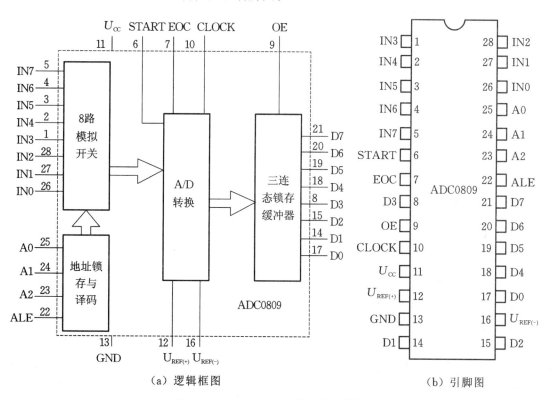

（a）逻辑框图   （b）引脚图

图 3.10.1 ADC0809 逻辑框图与引脚图

ADC0809 的引脚功能说明如下。

IN0～IN7:8 路模拟信号输入端。

A2、A1、A0:地址输入端。

根据 A2A1A0 的地址编码选通 8 路模拟信号 IN0~IN7 中的任何一路进行 A/D 转换,地址译码与模拟信号输入通道的选通关系如表 3.10.1 所示。

表 3.10.1　ADC0809 地址译码与模拟信号输入通道的选通关系

被选模拟通道		IN0	IN1	IN2	IN3	IN4	IN5	IN6	IN7
地址	A2	0	0	0	0	1	1	1	1
	A1	0	0	1	1	0	0	1	1
	A0	0	1	0	1	0	1	0	1

ALE:地址锁存允许输入信号,在此引脚施加正脉冲,上升沿有效,此时锁存地址码,从而选通相应的模拟信号输入通道,以便进行 A/D 转换。

START:启动信号输入端,应在此引脚施加正脉冲,当上升沿到达时,内部逐次逼近寄存器复位,在下降沿到达后,开始 A/D 转换过程。

EOC:转换结束输出信号(转换结束标志),高电平有效。

OE:输入允许信号,高电平有效。

CLOCK:时钟信号输入端,外接时钟频率一般为几百千赫。

U_{CC}:+5 V 单电源供电。

$U_{REF(+)}$、$U_{REF(-)}$:基准电压的正极、负极,一般 $U_{REF(+)}$ 接+5 V 电源,$U_{REF(-)}$ 接地。

D7~D0:数字信号端输出端。

三、实验所用器件和仪表

(1)双踪示波器。

(2)1 片 ADC0809。

(3)数字毫伏表。

四、实验内容

(1)将 ADC0809 插入集成电路管座中,按图 3.10.2 连接实验电路。

(2)按表 3.10.2 逐次改变直流信号源的输出量,每改变一次数值,触发一下单脉冲,启动 A/D 转换器,将转换结果填入表 3.10.2 中。

表 3.10.2　实验 3.10 数据记录表

输入模拟量	输出数字量								
U_i/V	D7	D6	D5	D4	D3	D2	D1	D0	十进制数(D)
0									
0.5									
1.0									
1.5									

续表

输入模拟量	输出数字量								
U_i/V	D7	D6	D5	D4	D3	D2	D1	D0	十进制数（D）
2.0									
2.5									
3.0									
3.5									
4.0									
4.5									
5.0									

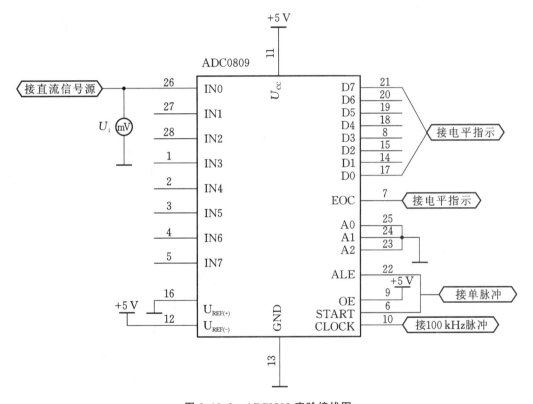

图 3.10.2　ADC0809 实验接线图

五、实验报告

整理实验数据,分析实验结果。

◀ 实验 3.11　D/A 转换器实验 ▶

一、实验目的

熟悉集成 D/A 转换器的工作特性和使用方法。

二、实验原理

将数字信号转换为模拟信号电路的元件称为数/模转换器(D/A 转换器,简称 DAC)。完成这种转换的器件种类也很多,使用者借助手册提供的器件性能指标及典型应用电路,即可正确使用这些器件。本实验将采用集成电路 DAC0832 实现 D/A 转换。

DAC0832 是采用 CMOS 工艺制成的单片电流输出型 8 位 D/A 转换器。器件的核心部分是采用倒 T 型电阻网络的 8 位 D/A 转换器。它由倒 T 型 R-$2R$ 电阻网络、模拟开关、运算放大器和参考电压 U_{REF} 四个部分组成。一个 8 位的 D/A 转换器有 8 个输入端,每个输入端是 8 位二进制数的一位;有一个模拟输出端;输入可有 $2^8 = 256$ 个不同的二进制组态,输出为 256 个电压之一,即输出电压不是整个电压范围内的任意值,而只能是 256 个值中的一个。

DAC0832 可直接与微处理器相连,采用双缓冲寄存器。这样可在输出的同时,采集下一个数字量,以提高转换速度。图 3.11.1、图 3.11.2 所示分别是它的逻辑框图和引脚图。各引脚的功能说明如下。

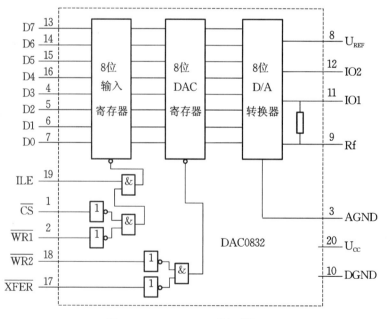

图 3.11.1　DAC0832 的逻辑框图

D0～D7:8 位数字量输入端,其中 D0 是最低位(LSB),D7 是最高位(MSB)。

IO1：D/A 输出电流 1 端,当 DAC 寄存器中全部为 1 时,IO1 为最大;当 DAC 寄存器中全部为 0 时,IO1 为最小。

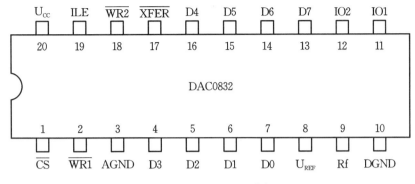

图 3.11.2　DAC0832 引脚图

IO2：D/A 输出电流 2 端,IO1 +IO2=常数。

Rf：芯片内的反馈电阻,用来作为外接运算放大器的反馈电阻。

U_{REF}：基准电压输入端,一般取 $-10\sim+10$ V。

U_{CC}：电源电压,一般为 5~15 V。

DGND：数字电路接地端。

AGND：模拟电路接地端,通常与 DGND 相连。

$\overline{CS}$：片选信号输入端(低电平有效),与 ILE 共同作用,对 $\overline{WE1}$ 信号进行控制。

ILE：输入寄存器的锁存信号(高电平有效)。当 ILE=1 且 $\overline{CS}$ 和 $\overline{WR1}$ 均为低电平时,8 位输入寄存器允许输入数据;当 ILE=0 时,8 位输入寄存器锁存数据。

$\overline{WR1}$：写信号 1(低电平有效),用来将输入数据送入寄存器中。当 $\overline{WR1}$ 时,8 位输入寄存器的数据被锁定;当 $\overline{CS}$=0,ILE=时,在 $\overline{WR1}$ 为有效电平的情况下,才能写入数字信号。

$\overline{WR2}$：写信号 2(低电平有效),与 $\overline{XFER}$ 组合,当 $\overline{WR2}$ 和 $\overline{XFER}$ 均为低电平时,8 位输入寄存器中的 8 位数据传送给 8 位 D/A 寄存器,当 $\overline{WR2}$=1 时,8 位 D/A 寄存器锁存数据。

$\overline{XFER}$：传递控制信号(低电平有效),用来控制 $\overline{WR2}$,选通 D/A 寄存器。

三、实验所用器件和仪表

(1) 1 片 DAC0832。

(2) 1 片 LM358。

(3) 数字毫伏表。

四、实验内容与方法

(1) 将 DAC0832 和 LM358 插入集成电路插座中,按图 3.11.3 连接好电路,接通电源后将输入数据开关均接 0,即输入数据 D7D6D5D4D3D2D1D0=00000000,并调节运算放大器的电位器,使输出电压 U_o=0。

(2) 按表 3.11.1 输入数字量(由输入数据开关控制)逐次测量输出模拟电压 U_o,并将结果填入表 3.11.1 中。

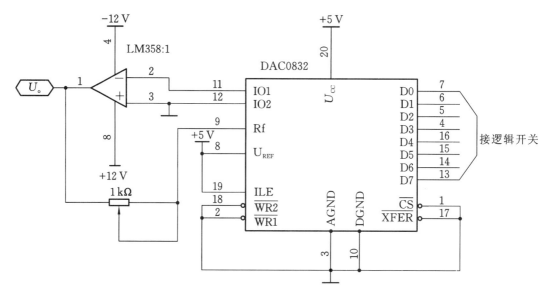

图 3.11.3　DAC0832 实验接线图

表 3.11.1　实验 3.11 数据记录表

输入数字量								输出/V	
D7	D6	D5	D4	D3	D2	D1	D0	实验值	理论值
0	0	0	0	0	0	0	0		
0	0	0	0	0	0	0	1		
0	0	0	0	0	0	1	1		
0	0	0	0	0	1	1	1		
0	0	0	0	1	1	1	1		
0	0	0	1	1	1	1	1		
0	0	1	1	1	1	1	1		
0	1	1	1	1	1	1	1		
1	1	1	1	1	1	1	1		

五、预习要求

（1）复习 D/A 转换器的工作原理。

（2）熟悉 DAC0832 芯片的功能，了解其外引线排列和使用方法。

（3）预先绘好完整的实验线路图和所需的实验记录表格。

六、实验报告

总结 DAC0832 的转换结果，并与理论值进行比较。

常用实验器件引脚图和真值表

（1）二输入四与非门 74LS00。

二输入四与非门 74LS00 引脚图如附图 A.1 所示。其逻辑表达式为

$$Y = \overline{AB}$$

（2）六反相器 74LS04。

六反相器 74LS04 引脚图如附图 A.2 所示。其逻辑表达式为

$$Y = \overline{A}$$

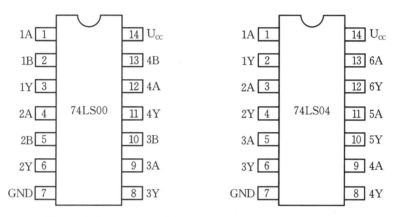

附图 A.1　二输入四与非门 74LS00 引脚图　　附图 A.2　六反相器 74LS04 引脚图

（3）二输入四或非门 74LS28。

二输入四或非门 74LS28 引脚图如附图 A.3 所示。其逻辑表达式为

$$Y = \overline{A+B}$$

（4）4 路 2-3-3-2 输入与或非门 74LS54。

4 路 2-3-3-2 输入与或非门 74LS54 引脚图如附图 A.4 所示。其逻辑表达式为

$$Y = \overline{AB + CDE + FGH + IJ}$$

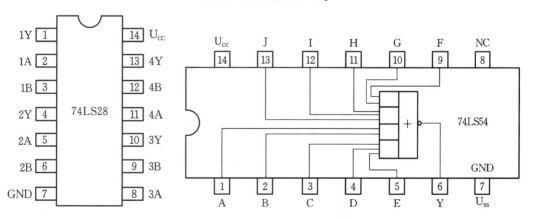

附图 A.3　二输入四或非门 74LS28 引脚图　　附图 A.4　4 路 2-3-3-2 输入与或非门 74LS54 引脚图

（5）双 JK 触发器（带清零端）74LS73。

74LS73 真值表如附表 A.1 所示。

附表 A.1　74LS73 真值表

输　　入				输　　出	
清零	时钟	J	K	Q	$\overline{Q}$
0	×	×	×	0	1
1	↓	0	0	Q0	$\overline{Q}$0
1	↓	1	0	1	0
1	↓	0	1	0	1
1	↓	1	1	翻　　转	
1	1	×	×	Q0	$\overline{Q}$0

74LS73 引脚图如附图 A.5 所示。

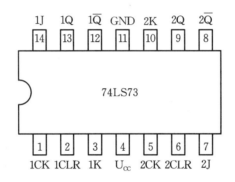

附图 A.5　74LS73 引脚图

（6）双 D 触发器（带预置和清零端）74LS74。

74LS74 真值表如附表 A.2 所示。

附表 A.2　74LS74 真值表

输　　入				输　　出	
预置	清零	时钟	D	Q	$\overline{Q}$
0	1	×	×	1	0
1	0	×	×	0	1
0	0	×	×	1	1
1	1	↑	1	1	0
1	1	↑	0	0	1
1	1	0	X	Q0	$\overline{Q}$0

74LS74 引脚图如附图 A.6 所示。

（7）二输入四异或门 74LS86。

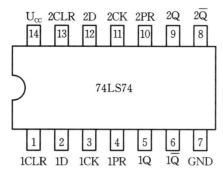

附图 A.6 74LS74 引脚图

二输入四异或门 74LS86 引脚图如附图 A.7 所示。其逻辑表达式为

$$Y = A \oplus B = A\overline{B} + \overline{A}B$$

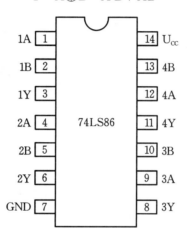

附图 A.7 二输入四异或门 74LS86 引脚图

（8）三态输出的四总线缓冲门 74LS125。

74LS125 引脚图如附图 A.8 所示。

对于 74LS125，正逻辑为 $Y = A$，C 为高时输出截止。

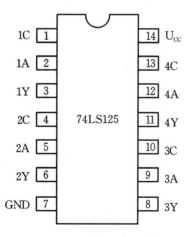

附图 A.8 74LS125 引脚图

(9) 双 2-4 线译码器 74LS139。

74LS139 真值表如附表 A.3 所示。

附表 A.3　74LS139 真值表

输　入　端			输　出　端			
允许 G	选择		Y0	Y1	Y2	Y3
	B	A				
1	×	×	1	1	1	1
0	0	0	0	1	1	1
0	0	1	1	0	1	1
0	1	0	1	1	0	1
0	1	1	1	1	1	0

74LS139 引脚图如附图 A.9 所示。

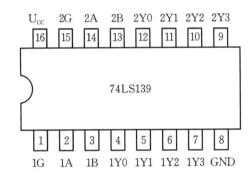

附图 A.9　74LS139 引脚图

(10) 双 4 选 1 数据选择器 74LS153。

74LS153 真值表如附表 A.4 所示。

附表 A.4　74LS153 真值表

选 择 输 入		数 据 输 入				选 通	输　出
B	A	C0	C1	C2	C3	G	Y
×	×	×	×	×	×	1	0
0	0	0	×	×	×	0	0
0	0	1	×	×	×	0	1
0	1	×	0	×	×	0	0
0	1	×	1	×	×	0	1
1	0	×	×	0	×	0	0
1	0	×	×	1	×	0	1
1	1	×	×	×	0	0	0
1	1	×	×	×	1	0	1

74LS153 引脚图如附图 A.10 所示。

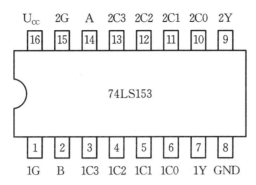

附图 A.10 74LS153 引脚图

(11) 4-7 译码器/驱动器 74LS48。

74LS48 引脚图如附图 A.11 所示。

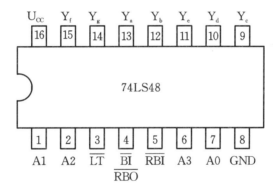

附图 A.11 74LS48 引脚图

(12) 8-3 线优先编码器 74LS148。

74LS148 引脚图如附图 A.12 所示。

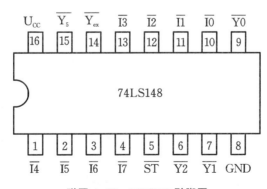

附图 A.12 74LS148 引脚图

(13) 十进制计数器 74LS90。

74LS90 引脚图如附图 A.13 所示。

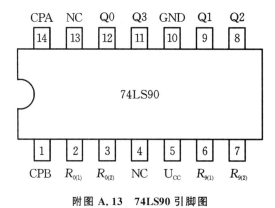

附图 A.13　74LS90 引脚图